建设行业质量安全管理实务丛书
建设行业安全生产管理人员继续教育培训用书

U0177916

《工程质量安全手册（试行）》应用实务

主　编　李海峰　　孙华波　　周振鸿
副主编　高泮辉　　陈春旭　　贝丽耘

中国建材工业出版社

图书在版编目（CIP）数据

《工程质量安全手册（试行）》应用实务/李海峰，孙华波，周振鸿主编．--北京：中国建材工业出版社，2021.1

（建设行业质量安全管理实务丛书）

建设行业安全生产管理人员继续教育培训用书

ISBN 978-7-5160-3095-0

Ⅰ. ①工… Ⅱ. ①李… ②孙… ③周… Ⅲ. ①建筑工程 – 安全管理 – 手册 Ⅳ. ①TU714-62

中国版本图书馆 CIP 数据核字（2020）第 216624 号

《工程质量安全手册（试行）》应用实务

《Gongcheng Zhiliang Anquan Shouce（Shixing）》Yingyong Shiwu

主　编　李海峰　孙华波　周振鸿
副主编　高泮辉　陈春旭　贝丽耘

出版发行：中国建材工业出版社
地　　址：北京市海淀区三里河路 1 号
邮　　编：100044
经　　销：全国各地新华书店
印　　刷：北京鑫正大印刷有限公司
开　　本：787mm×1092mm　1/16
印　　张：8.75
字　　数：200 千字
版　　次：2021 年 1 月第 1 版
印　　次：2021 年 1 月第 1 次
定　　价：50.00 元

前　　言

2018 年 9 月，住房城乡建设部发布了《工程质量安全手册（试行)》，对工程各参建方的工作职能和质量安全管理部位进行了说明。质量安全工作永远在路上。《工程质量安全手册（试行)》制度是贯彻落实党中央、国务院决策部署的重要举措，是建筑业高质量发展的重要内容，是提升工程质量安全管理水平的有效手段。

《工程质量安全手册（试行)》的试行进一步说明了国家对于建筑领域监管的程度进一步加强：加大建筑业改革闭环管理力度，促进建筑业高质量发展；加大危大工程管理力度，采取强有力手段，确保"方案到位、投入到位、措施到位"，也能更加有效地遏制较大及以上安全事故发生。

本书在《工程质量安全手册（试行)》的基础上，进一步补充和细化了各项工程对质量、安全的要求和做法，涵盖房屋建筑和市政工程施工全过程的质量安全管理，意在促进行业企业高度重视安全质量，将安全质量手册内容具体实施。

本书条理清晰、内容具体，有利积极保证工程项目的安全质量，提高企业社会效益，提高工程规范建设水平。

编　者
2020 年 11 月

目　　录

第1章 《工程质量安全手册（试行）》

《工程质量安全手册（试行）》原文如下

1 总　　则

1.1　目的

完善企业质量安全管理体系，规范企业质量安全行为，落实企业主体责任，提高质量安全管理水平，保证工程质量安全，提高人民群众满意度，推动建筑业高质量发展。

1.2　编制依据

1.2.1　法律法规。

（1）《中华人民共和国建筑法》；

（2）《中华人民共和国安全生产法》；

（3）《中华人民共和国特种设备安全法》；

（4）《建设工程质量管理条例》；

（5）《建设工程勘察设计管理条例》；

（6）《建设工程安全生产管理条例》；

（7）《特种设备安全监察条例》；

（8）《安全生产许可证条例》；

（9）《生产安全事故报告和调查处理条例》等。

1.2.2　部门规章。

（1）《房屋建筑和市政基础设施工程施工图设计文件审查管理办法》（住房城乡建设部令第13号）；

（2）《建筑工程施工许可管理办法》（住房城乡建设部令第18号）；

（3）《建设工程质量检测管理办法》（建设部令第141号）；

（4）《房屋建筑和市政基础设施工程质量监督管理规定》（住房城乡建设部令第5号）；

（5）《房屋建筑和市政基础设施工程竣工验收备案管理办法》（住房城乡建设部令第2号）；

（6）《房屋建筑工程质量保修办法》（建设部令第80号）；

（7）《建筑施工企业安全生产许可证管理规定》（建设部令第128号）；

（8）《建筑起重机械安全监督管理规定》（建设部令第166号）；

（9）《建筑施工企业主要负责人、项目负责人和专职安全生产管理人员安全生产管理规定》（住房城乡建设部令第 17 号）；

（10）《危险性较大的分部分项工程安全管理规定》（住房城乡建设部令第 37 号）等。

1.2.3 有关规范性文件，有关工程建设标准、规范。

1.3 适用范围

房屋建筑和市政基础设施工程。

2 行为准则

2.1 基本要求

2.1.1 建设、勘察、设计、施工、监理、检测等单位依法对工程质量安全负责。

2.1.2 勘察、设计、施工、监理、检测等单位应当依法取得资质证书，并在其资质等级许可的范围内从事建设工程活动。施工单位应当取得安全生产许可证。

2.1.3 建设、勘察、设计、施工、监理等单位的法定代表人应当签署授权委托书，明确各自工程项目负责人。

项目负责人应当签署工程质量终身责任承诺书。

法定代表人和项目负责人在工程设计使用年限内对工程质量承担相应责任。

2.1.4 从事工程建设活动的专业技术人员应当在注册许可范围和聘用单位业务范围内从业，对签署技术文件的真实性和准确性负责，依法承担质量安全责任。

2.1.5 施工企业主要负责人、项目负责人及专职安全生产管理人员（以下简称"安管人员"）应当取得安全生产考核合格证书。

2.1.6 工程一线作业人员应当按照相关行业职业标准和规定经培训考核合格，特种作业人员应当取得特种作业操作资格证书。工程建设有关单位应当建立健全一线作业人员的职业教育、培训制度，定期开展职业技能培训。

2.1.7 建设、勘察、设计、施工、监理、检测等单位应当建立完善危险性较大的分部分项工程管理责任制，落实安全管理责任，严格按照相关规定实施危险性较大的分部分项工程清单管理、专项施工方案编制及论证、现场安全管理等制度。

2.1.8 建设、勘察、设计、施工、监理等单位法定代表人和项目负责人应当加强工程项目安全生产管理，依法对安全生产事故和隐患承担相应责任。

2.1.9 工程完工后，建设单位应当组织勘察、设计、施工、监理等有关单位进行竣工验收。工程竣工验收合格，方可交付使用。

2.2 质量行为要求

2.2.1 建设单位。

（1）按规定办理工程质量监督手续。

（2）不得肢解发包工程。

（3）不得任意压缩合理工期。

（4）按规定委托具有相应资质的检测单位进行检测工作。

（5）对施工图设计文件报审图机构审查，审查合格方可使用。

（6）对有重大修改、变动的施工图设计文件应当重新进行报审，审查合格方可使用。

（7）提供给监理单位、施工单位经审查合格的施工图纸。

（8）组织图纸会审、设计交底工作。

（9）按合同约定由建设单位采购的建筑材料、建筑构配件和设备的质量应符合要求。

（10）不得指定应由承包单位采购的建筑材料、建筑构配件和设备，或者指定生产厂、供应商。

（11）按合同约定及时支付工程款。

2.2.2　勘察、设计单位。

（1）在工程施工前，就审查合格的施工图设计文件向施工单位和监理单位作出详细说明。

（2）及时解决施工中发现的勘察、设计问题，参与工程质量事故调查分析，并对因勘察、设计原因造成的质量事故提出相应的技术处理方案。

（3）按规定参与施工验槽。

2.2.3　施工单位。

（1）不得违法分包、转包工程。

（2）项目经理资格符合要求，并到岗履职。

（3）设置项目质量管理机构，配备质量管理人员。

（4）编制并实施施工组织设计。

（5）编制并实施施工方案。

（6）按规定进行技术交底。

（7）配备齐全该项目涉及的设计图集、施工规范及相关标准。

（8）由建设单位委托见证取样检测的建筑材料、建筑构配件和设备等，未经监理单位见证取样并经检验合格的，不得擅自使用。

（9）按规定由施工单位负责进行进场检验的建筑材料、建筑构配件和设备，应报监理单位审查，未经监理单位审查合格的不得擅自使用。

（10）严格按审查合格的施工图设计文件进行施工，不得擅自修改设计文件。

（11）严格按施工技术标准进行施工。

（12）做好各类施工记录，实时记录施工过程质量管理的内容。

（13）按规定做好隐蔽工程质量检查和记录。

（14）按规定做好检验批、分项工程、分部工程的质量报验工作。

（15）按规定及时处理质量问题和质量事故，做好记录。

（16）实施样板引路制度，设置实体样板和工序样板。

（17）按规定处置不合格试验报告。

2.2.4　监理单位。

（1）总监理工程师资格应符合要求，并到岗履职。

（2）配备足够的具备资格的监理人员，并到岗履职。

（3）编制并实施监理规划。

（4）编制并实施监理实施细则。

（5）对施工组织设计、施工方案进行审查。

（6）对建筑材料、建筑构配件和设备投入使用或安装前进行审查。

（7）对分包单位的资质进行审核。

（8）对重点部位、关键工序实施旁站监理，做好旁站记录。

（9）对施工质量进行巡查，做好巡查记录。

（10）对施工质量进行平行检验，做好平行检验记录。

（11）对隐蔽工程进行验收。

（12）对检验批工程进行验收。

（13）对分项、分部（子分部）工程按规定进行质量验收。

（14）签发质量问题通知单，复查质量问题整改结果。

2.2.5　检测单位。

（1）不得转包检测业务。

（2）不得涂改、倒卖、出租、出借或者以其他形式非法转让资质证书。

（3）不得推荐或者监制建筑材料、构配件和设备。

（4）不得与行政机关，法律、法规授权的具有管理公共事务职能的组织以及所检测工程项目相关的设计单位、施工单位、监理单位有隶属关系或者其他利害关系。

（5）应当按照国家有关工程建设强制性标准进行检测。

（6）应当对检测数据和检测报告的真实性和准确性负责。

（7）应当将检测过程中发现的建设单位、监理单位、施工单位违反有关法律、法规和工程建设强制性标准的情况，以及涉及结构安全检测结果的不合格情况，及时报告工程所在地住房城乡建设主管部门。

（8）应当单独建立检测结果不合格项目台账。

（9）应当建立档案管理制度。检测合同、委托单、原始记录、检测报告应当按年度统一编号，编号应当连续，不得随意抽撤、涂改。

2.3　安全行为要求

2.3.1　建设单位。

（1）按规定办理施工安全监督手续。

（2）与参建各方签订的合同中应当明确安全责任，并加强履约管理。

（3）按规定将委托的监理单位、监理的内容及监理权限书面通知被监理的建筑施工企业。

（4）在组织编制工程概算时，按规定单独列支安全生产措施费用，并按规定及时向施工单位支付。

（5）在开工前按规定向施工单位提供施工现场及毗邻区域内的相关资料，并保证资料的真实、准确、完整。

2.3.2　勘察、设计单位。

（1）勘察单位按规定进行勘察，提供的勘察文件应当真实、准确。

（2）勘察单位按规定在勘察文件中说明地质条件可能造成的工程风险。

（3）设计单位应当按照法律法规和工程建设强制性标准进行设计，防止因设计不合理导致生产安全事故的发生。

（4）设计单位应当按规定在设计文件中注明施工安全的重点部位和环节，并对防范生产安全事故提出指导意见。

（5）设计单位应当按规定在设计文件中提出特殊情况下保障施工作业人员安全和预防生产安全事故的措施建议。

2.3.3　施工单位。

（1）设立安全生产管理机构，按规定配备专职安全生产管理人员。

（2）项目负责人、专职安全生产管理人员与办理施工安全监督手续资料一致。

（3）建立健全安全生产责任制度，并按要求进行考核。

（4）按规定对从业人员进行安全生产教育和培训。

（5）实施施工总承包的，总承包单位应当与分包单位签订安全生产协议书，明确各自的安全生产职责并加强履约管理。

（6）按规定为作业人员提供劳动防护用品。

（7）在有较大危险因素的场所和有关设施、设备上，设置明显的安全警示标志。

（8）按规定提取和使用安全生产费用。

（9）按规定建立健全生产安全事故隐患排查治理制度。

（10）按规定执行建筑施工企业负责人及项目负责人施工现场带班制度。

（11）按规定制定生产安全事故应急救援预案，并定期组织演练。

（12）按规定及时、如实报告生产安全事故。

2.3.4　监理单位。

（1）按规定编制监理规划和监理实施细则。

（2）按规定审查施工组织设计中的安全技术措施或者专项施工方案。

（3）按规定审核各相关单位资质、安全生产许可证、"安管人员"安全生产考核合格证书和特种作业人员操作资格证书并做好记录。

（4）按规定对现场实施安全监理。发现安全事故隐患严重且施工单位拒不整改或者不停止施工的，应及时向政府主管部门报告。

2.3.5　监测单位。

（1）按规定编制监测方案并进行审核。

（2）按照监测方案开展监测。

3 工程实体质量控制

3.1 地基基础工程

3.1.1 按照设计和规范要求进行基槽验收。

3.1.2 按照设计和规范要求进行轻型动力触探。

3.1.3 地基强度或承载力检验结果符合设计要求。

3.1.4 复合地基的承载力检验结果符合设计要求。

3.1.5 桩基础承载力检验结果符合设计要求。

3.1.6 对于不满足设计要求的地基，应有经设计单位确认的地基处理方案，并有处理记录。

3.1.7 填方工程的施工应满足设计和规范要求。

3.2 钢筋工程

3.2.1 确定细部做法并在技术交底中明确。

3.2.2 清除钢筋上的污染物和施工缝处的浮浆。

3.2.3 对预留钢筋进行纠偏。

3.2.4 钢筋加工符合设计和规范要求。

3.2.5 钢筋的牌号、规格和数量符合设计和规范要求。

3.2.6 钢筋的安装位置符合设计和规范要求。

3.2.7 保证钢筋位置的措施到位。

3.2.8 钢筋连接符合设计和规范要求。

3.2.9 钢筋锚固符合设计和规范要求。

3.2.10 箍筋、拉筋弯钩符合设计和规范要求。

3.2.11 悬挑梁、板的钢筋绑扎符合设计和规范要求。

3.2.12 后浇带预留钢筋的绑扎符合设计和规范要求。

3.2.13 钢筋保护层厚度符合设计和规范要求。

3.3 混凝土工程

3.3.1 模板板面应清理干净并涂刷脱模剂。

3.3.2 模板板面的平整度符合要求。

3.3.3 模板的各连接部位应连接紧密。

3.3.4 竹木模板面不得翘曲、变形、破损。

3.3.5 框架梁的支模顺序不得影响梁筋绑扎。

3.3.6 楼板支撑体系的设计应考虑各种工况的受力情况。

3.3.7 楼板后浇带的模板支撑体系按规定单独设置。

3.3.8 严禁在混凝土中加水。

3.3.9 严禁将洒落的混凝土浇筑到混凝土结构中。

3.3.10 各部位混凝土强度符合设计和规范要求。

3.3.11 墙和板、梁和柱连接部位的混凝土强度符合设计和规范要求。

3.3.12 混凝土构件的外观质量符合设计和规范要求。

3.3.13 混凝土构件的尺寸符合设计和规范要求。

3.3.14 后浇带、施工缝的接茬处应处理到位。

3.3.15 后浇带的混凝土按设计和规范要求的时间进行浇筑。

3.3.16 按规定设置施工现场试验室。

3.3.17 混凝土试块应及时进行标识。

3.3.18 同条件试块应按规定在施工现场养护。

3.3.19 楼板上的堆载不得超过楼板结构设计承载能力。

3.4 钢结构工程

3.4.1 焊工应当持证上岗，在其合格证规定的范围内施焊。

3.4.2 一、二级焊缝应进行焊缝内部缺陷检验。

3.4.3 高强度螺栓连接副的安装符合设计和规范要求。

3.4.4 钢管混凝土柱与钢筋混凝土梁连接节点核心区的构造应符合设计要求。

3.4.5 钢管内混凝土的强度等级应符合设计要求。

3.4.6 钢结构防火涂料的黏结强度、抗压强度应符合设计和规范要求。

3.4.7 薄涂型、厚涂型防火涂料的涂层厚度符合设计要求。

3.4.8 钢结构防腐涂料涂装的涂料、涂装遍数、涂层厚度均符合设计要求。

3.4.9 多层和高层钢结构主体结构整体垂直度和整体平面弯曲偏差符合设计和规范要求。

3.4.10 钢网架结构总拼完成后及屋面工程完成后，所测挠度值符合设计和规范要求。

3.5 装配式混凝土工程

3.5.1 预制构件的质量、标识符合设计和规范要求。

3.5.2 预制构件的外观质量、尺寸偏差和预留孔、预留洞、预埋件、预留插筋、键槽的位置符合设计和规范要求。

3.5.3 夹芯外墙板内外叶墙板之间的拉结件类别、数量、使用位置及性能符合设计要求。

3.5.4 预制构件表面预贴饰面砖、石材等饰面与混凝土的黏结性能符合设计和规范要求。

3.5.5 后浇混凝土中钢筋安装、钢筋连接、预埋件安装符合设计和规范要求。

3.5.6 预制构件的粗糙面或键槽符合设计要求。

3.5.7 预制构件与预制构件、预制构件与主体结构之间的连接符合设计要求。

3.5.8 后浇筑混凝土强度符合设计要求。

3.5.9　钢筋灌浆套筒、灌浆套筒接头符合设计和规范要求。

3.5.10　钢筋连接套筒、浆锚搭接的灌浆应饱满。

3.5.11　预制构件连接接缝处防水做法符合设计要求。

3.5.12　预制构件的安装尺寸偏差符合设计和规范要求。

3.5.13　后浇混凝土的外观质量和尺寸偏差符合设计和规范要求。

3.6　砌体工程

3.6.1　砌块质量符合设计和规范要求。

3.6.2　砌筑砂浆的强度符合设计和规范要求。

3.6.3　严格按规定留置砂浆试块，做好标识。

3.6.4　墙体转角处、交接处必须同时砌筑，临时间断处留槎符合规范要求。

3.6.5　灰缝厚度及砂浆饱满度符合规范要求。

3.6.6　构造柱、圈梁符合设计和规范要求。

3.7　防水工程

3.7.1　严禁在防水混凝土拌和物中加水。

3.7.2　防水混凝土的节点构造符合设计和规范要求。

3.7.3　中埋式止水带埋设位置符合设计和规范要求。

3.7.4　水泥砂浆防水层各层之间应结合牢固。

3.7.5　地下室卷材防水层的细部做法符合设计要求。

3.7.6　地下室涂料防水层的厚度和细部做法符合设计要求。

3.7.7　地面防水隔离层的厚度符合设计要求。

3.7.8　地面防水隔离层的排水坡度、坡向符合设计要求。

3.7.9　地面防水隔离层的细部做法符合设计和规范要求。

3.7.10　有淋浴设施的墙面的防水高度符合设计要求。

3.7.11　屋面防水层的厚度符合设计要求。

3.7.12　屋面防水层的排水坡度、坡向符合设计要求。

3.7.13　屋面细部的防水构造符合设计和规范要求。

3.7.14　外墙节点构造防水符合设计和规范要求。

3.7.15　外窗与外墙的连接处做法符合设计和规范要求。

3.8　装饰装修工程

3.8.1　外墙外保温与墙体基层的黏结强度符合设计和规范要求。

3.8.2　抹灰层与基层之间及各抹灰层之间应黏结牢固。

3.8.3　外门窗安装牢固。

3.8.4　推拉门窗扇安装牢固，并安装防脱落装置。

3.8.5　幕墙的框架与主体结构连接、立柱与横梁的连接符合设计和规范要求。

3.8.6　幕墙所采用的结构黏结材料符合设计和规范要求。

3.8.7 应按设计和规范要求使用安全玻璃。

3.8.8 重型灯具等重型设备严禁安装在吊顶工程的龙骨上。

3.8.9 饰面砖粘贴牢固。

3.8.10 饰面板安装符合设计和规范要求。

3.8.11 护栏安装符合设计和规范要求。

3.9 给排水及采暖工程

3.9.1 管道安装符合设计和规范要求。

3.9.2 地漏水封深度符合设计和规范要求。

3.9.3 PVC 管道的阻火圈、伸缩节等附件安装符合设计和规范要求。

3.9.4 管道穿越楼板、墙体时的处理符合设计和规范要求。

3.9.5 室内、外消火栓安装符合设计和规范要求。

3.9.6 水泵安装牢固，平整度、垂直度等符合设计和规范要求。

3.9.7 仪表安装符合设计和规范要求。阀门安装应方便操作。

3.9.8 生活水箱安装符合设计和规范要求。

3.9.9 气压给水或稳压系统应设置安全阀。

3.10 通风与空调工程

3.10.1 风管加工的强度和严密性符合设计和规范要求。

3.10.2 防火风管和排烟风管使用的材料应为不燃材料。

3.10.3 风机盘管和管道的绝热材料进场时，应取样复试合格。

3.10.4 风管系统的支架、吊架、抗震支架的安装符合设计和规范要求。

3.10.5 风管穿过墙体或楼板时，应按要求设置套管并封堵密实。

3.10.6 水泵、冷却塔的技术参数和产品性能符合设计和规范要求。

3.10.7 空调水管道系统应进行强度和严密性试验。

3.10.8 空调制冷系统、空调水系统与空调风系统的联合试运转及调试符合设计和规范要求。

3.10.9 防排烟系统联合试运行与调试后的结果符合设计和规范要求。

3.11 建筑电气工程

3.11.1 除临时接地装置外，接地装置应采用热镀锌钢材。

3.11.2 接地（PE）或接零（PEN）支线应单独与接地（PE）或接零（PEN）干线相连接。

3.11.3 接闪器与防雷引下线、防雷引下线与接地装置应可靠连接。

3.11.4 电动机等外露可导电部分应与保护导体可靠连接。

3.11.5 母线槽与分支母线槽应与保护导体可靠连接。

3.11.6 金属梯架、托盘或槽盒本体之间的连接符合设计要求。

3.11.7 交流单芯电缆或分相后的每相电缆不得单根独穿于钢导管内，固定用的夹具和支架不应形成闭合磁路。

3.11.8　灯具的安装符合设计要求。

3.12　智能建筑工程

3.12.1　紧急广播系统应按规定检查防火保护措施。

3.12.2　火灾自动报警系统的主要设备应是通过国家认证（认可）的产品。

3.12.3　火灾探测器不得被其他物体遮挡或掩盖。

3.12.4　消防系统的线槽、导管的防火涂料应涂刷均匀。

3.12.5　当与电气工程共用线槽时，应与电气工程的导线、电缆有隔离措施。

3.13　市政工程

3.13.1　道路路基填料强度满足规范要求。

3.13.2　道路各结构层压实度满足设计和规范要求。

3.13.3　道路基层结构强度满足设计要求。

3.13.4　道路不同种类面层结构满足设计和规范要求。

3.13.5　预应力钢筋安装时，其品种、规格、级别和数量符合设计要求。

3.13.6　垃圾填埋场站防渗材料类型、厚度、外观、铺设及焊接质量符合设计和规范要求。

3.13.7　垃圾填埋场站导气石笼位置、尺寸符合设计和规范要求。

3.13.8　垃圾填埋场站导排层厚度、导排渠位置、导排管规格符合设计和规范要求。

3.13.9　按规定进行水池满水试验，并形成试验记录。

4　安全生产现场控制

4.1　基坑工程

4.1.1　基坑支护及开挖符合规范、设计及专项施工方案的要求。

4.1.2　基坑施工时对主要影响区范围内的建（构）筑物和地下管线保护措施符合规范及专项施工方案的要求。

4.1.3　基坑周围地面排水措施符合规范及专项施工方案的要求。

4.1.4　基坑地下水控制措施符合规范及专项施工方案的要求。

4.1.5　基坑周边荷载符合规范及专项施工方案的要求。

4.1.6　基坑监测项目、监测方法、测点布置、监测频率、监测报警及日常检查符合规范、设计及专项施工方案的要求。

4.1.7　基坑内作业人员上下专用梯道符合规范及专项施工方案的要求。

4.1.8　基坑坡顶地面无明显裂缝，基坑周边建筑物无明显变形。

4.2　脚手架工程

4.2.1　一般规定。

（1）作业脚手架底部立杆上设置的纵向、横向扫地杆符合规范及专项施工方案要求。

（2）连墙件的设置符合规范及专项施工方案要求。

（3）步距、跨距搭设符合规范及专项施工方案要求。

（4）剪刀撑的设置符合规范及专项施工方案要求。

（5）架体基础符合规范及专项施工方案要求。

（6）架体材料和构配件符合规范及专项施工方案要求，扣件按规定进行抽样复试。

（7）脚手架上严禁集中荷载。

（8）架体的封闭符合规范及专项施工方案要求。

（9）脚手架上脚手板的设置符合规范及专项施工方案要求。

4.2.2　附着式升降脚手架。

（1）附着支座设置符合规范及专项施工方案要求。

（2）防坠落、防倾覆安全装置符合规范及专项施工方案要求。

（3）同步升降控制装置符合规范及专项施工方案要求。

（4）构造尺寸符合规范及专项施工方案要求。

4.2.3　悬挑式脚手架。

（1）型钢锚固段长度及锚固型钢的主体结构混凝土强度符合规范及专项施工方案要求。

（2）悬挑钢梁卸荷钢丝绳设置方式符合规范及专项施工方案要求。

（3）悬挑钢梁的固定方式符合规范及专项施工方案要求。

（4）底层封闭符合规范及专项施工方案要求。

（5）悬挑钢梁端立杆定位点符合规范及专项施工方案要求。

4.2.4　高处作业吊篮。

（1）各限位装置齐全有效。

（2）安全锁必须在有效的标定期限内。

（3）吊篮内作业人员不应超过 2 人。

（4）安全绳的设置和使用符合规范及专项施工方案要求。

（5）吊篮悬挂机构前支架设置符合规范及专项施工方案要求。

（6）吊篮配重件重量和数量符合说明书及专项施工方案要求。

4.2.5　操作平台。

（1）移动式操作平台的设置符合规范及专项施工方案要求。

（2）落地式操作平台的设置符合规范及专项施工方案要求。

（3）悬挑式操作平台的设置符合规范及专项施工方案要求。

4.3　起重机械

4.3.1　一般规定。

（1）起重机械的备案、租赁符合要求。

（2）起重机械安装、拆卸符合要求。

（3）起重机械验收符合要求。

（4）按规定办理使用登记。

（5）起重机械的基础、附着符合使用说明书及专项施工方案要求。

（6）起重机械的安全装置灵敏、可靠；主要承载结构件完好；结构件的连接螺栓、销轴有效；机构、零部件、电气设备线路和元件符合相关要求。

（7）起重机械与架空线路安全距离符合规范要求。

（8）按规定在起重机械安装、拆卸、顶升和使用前向相关作业人员进行安全技术交底。

（9）定期检查和维护保养符合相关要求。

4.3.2 塔式起重机。

（1）作业环境符合规范要求。多塔交叉作业防碰撞安全措施符合规范及专项施工方案要求。

（2）塔式起重机的起重力矩限制器、起重量限制器、行程限位装置等安全装置符合规范要求。

（3）吊索具的使用及吊装方法符合规范要求。

（4）按规定在顶升（降节）作业前对相关机构、结构进行专项安全检查。

4.3.3 施工升降机。

（1）防坠安全装置在标定期限内，安装符合规范要求。

（2）按规定制定各种载荷情况下齿条和驱动齿轮、安全齿轮的正确啮合保证措施。

（3）附墙架的使用和安装符合使用说明书及专项施工方案要求。

（4）层门的设置符合规范要求。

4.3.4 物料提升机。

（1）安全停层装置齐全、有效。

（2）钢丝绳的规格、使用符合规范要求。

（3）附墙符合要求。缆风绳、地锚的设置符合规范及专项施工方案要求。

4.4 模板支撑体系

4.4.1 按规定对搭设模板支撑体系的材料、构配件进行现场检验，扣件抽样复试。

4.4.2 模板支撑体系的搭设和使用符合规范及专项施工方案要求。

4.4.3 混凝土浇筑时，必须按照专项施工方案规定的顺序进行，并指定专人对模板支撑体系进行监测。

4.4.4 模板支撑体系的拆除符合规范及专项施工方案要求。

4.5 临时用电

4.5.1 按规定编制临时用电施工组织设计，并履行审核、验收手续。

4.5.2 施工现场临时用电管理符合相关要求。

4.5.3 施工现场配电系统符合规范要求。

4.5.4 配电设备、线路防护设施设置符合规范要求。

4.5.5 漏电保护器参数符合规范要求。

4.6 安全防护

4.6.1 洞口防护符合规范要求。

4.6.2 临边防护符合规范要求。

4.6.3 有限空间防护符合规范要求。

4.6.4 大模板作业防护符合规范要求。

4.6.5 人工挖孔桩作业防护符合规范要求。

4.7 其他

4.7.1 建筑幕墙安装作业符合规范及专项施工方案的要求。

4.7.2 钢结构、网架和索膜结构安装作业符合规范及专项施工方案的要求。

4.7.3 装配式建筑预制混凝土构件安装作业符合规范及专项施工方案的要求。

5 质量管理资料

5.1 建筑材料进场检验资料

5.1.1 水泥。

5.1.2 钢筋。

5.1.3 钢筋焊接、机械连接材料。

5.1.4 砖、砌块。

5.1.5 预拌混凝土、预拌砂浆。

5.1.6 钢结构用钢材、焊接材料、连接紧固材料。

5.1.7 预制构件、夹芯外墙板。

5.1.8 灌浆套筒、灌浆料、座浆料。

5.1.9 预应力混凝土钢绞线、锚具、夹具。

5.1.10 防水材料。

5.1.11 门窗。

5.1.12 外墙外保温系统的组成材料。

5.1.13 装饰装修工程材料。

5.1.14 幕墙工程的组成材料。

5.1.15 低压配电系统使用的电缆、电线。

5.1.16 空调与采暖系统冷热源及管网节能工程采用的绝热管道、绝热材料。

5.1.17 采暖通风空调系统节能工程采用的散热器、保温材料、风机盘管。

5.1.18 防烟、排烟系统柔性短管。

5.2 施工试验检测资料

5.2.1 复合地基承载力检验报告及桩身完整性检验报告。

5.2.2 工程桩承载力及桩身完整性检验报告。

5.2.3 混凝土、砂浆抗压强度试验报告及统计评定。

5.2.4 钢筋焊接、机械连接工艺试验报告。

5.2.5 钢筋焊接连接、机械连接试验报告。

5.2.6 钢结构焊接工艺评定报告、焊缝内部缺陷检测报告。

5.2.7 高强度螺栓连接摩擦面的抗滑移系数试验报告。

5.2.8 地基、房心或肥槽回填土回填检验报告。

5.2.9 沉降观测报告。

5.2.10 填充墙砌体植筋锚固力检测报告。

5.2.11 结构实体检验报告。

5.2.12 外墙外保温系统型式检验报告。

5.2.13 外墙外保温粘贴强度、锚固力现场拉拔试验报告。

5.2.14 外窗的性能检测报告。

5.2.15 幕墙的性能检测报告。

5.2.16 饰面板后置埋件的现场拉拔试验报告。

5.2.17 室内环境污染物浓度检测报告。

5.2.18 风管强度及严密性检测报告。

5.2.19 管道系统强度及严密性试验报告。

5.2.20 风管系统漏风量、总风量、风口风量测试报告。

5.2.21 空调水流量、水温、室内环境温度、湿度、噪声检测报告。

5.3 施工记录

5.3.1 水泥进场验收记录及见证取样和送检记录。

5.3.2 钢筋进场验收记录及见证取样和送检记录。

5.3.3 混凝土及砂浆进场验收记录及见证取样和送检记录。

5.3.4 砖、砌块进场验收记录及见证取样和送检记录。

5.3.5 钢结构用钢材、焊接材料、紧固件、涂装材料等进场验收记录及见证取样和送检记录。

5.3.6 防水材料进场验收记录及见证取样和送检记录。

5.3.7 桩基试桩、成桩记录。

5.3.8 混凝土施工记录。

5.3.9 冬期混凝土施工测温记录。

5.3.10 大体积混凝土施工测温记录。

5.3.11 预应力钢筋的张拉、安装和灌浆记录。

5.3.12 预制构件吊装施工记录。

5.3.13 钢结构吊装施工记录。

5.3.14 钢结构整体垂直度和整体平面弯曲度、钢网架挠度检验记录。

5.3.15 工程设备、风管系统、管道系统安装及检验记录。

5.3.16 管道系统压力试验记录。

5.3.17 设备单机试运转记录。

5.3.18 系统非设计满负荷联合试运转与调试记录。

5.4 质量验收记录

5.4.1 地基验槽记录。

5.4.2 桩位偏差和桩顶标高验收记录。

5.4.3 隐蔽工程验收记录。

5.4.4 检验批、分项、子分部、分部工程验收记录。

5.4.5 观感质量综合检查记录。

5.4.6 工程竣工验收记录。

6 安全管理资料

6.1 危险性较大的分部分项工程资料

6.1.1 危险性较大的分部分项工程清单及相应的安全管理措施。

6.1.2 危险性较大的分部分项工程专项施工方案及审批手续。

6.1.3 危险性较大的分部分项工程专项施工方案变更手续。

6.1.4 专家论证相关资料。

6.1.5 危险性较大的分部分项工程方案交底及安全技术交底。

6.1.6 危险性较大的分部分项工程施工作业人员登记记录，项目负责人现场履职记录。

6.1.7 危险性较大的分部分项工程现场监督记录。

6.1.8 危险性较大的分部分项工程施工监测和安全巡视记录。

6.1.9 危险性较大的分部分项工程验收记录。

6.2 基坑工程资料

6.2.1 相关的安全保护措施。

6.2.2 监测方案及审核手续。

6.2.3 第三方监测数据及相关的对比分析报告。

6.2.4 日常检查及整改记录。

6.3 脚手架工程资料

6.3.1 架体配件进场验收记录、合格证及扣件抽样复试报告。

6.3.2 日常检查及整改记录。

6.4 起重机械资料

6.4.1 起重机械特种设备制造许可证、产品合格证、备案证明、租赁合同及安装使用说明书。

6.4.2 起重机械安装单位资质及安全生产许可证、安装与拆卸合同及安全管理协议书、生产安全事故应急救援预案、安装告知、安装与拆卸过程作业人员资格证书及安全技术交底。

6.4.3 起重机械基础验收资料。安装（包括附着顶升）后安装单位自检合格证明、检测报告及验收记录。

6.4.4 使用过程作业人员资格证书及安全技术交底、使用登记标志、生产安全事故应急救援预案、多塔作业防碰撞措施、日常检查（包括吊索具）与整改记录、维护和保养记录、交接班记录。

6.5 模板支撑体系资料

6.5.1 架体配件进场验收记录、合格证及扣件抽样复试报告。

6.5.2 拆除申请及批准手续。

6.5.3 日常检查及整改记录。

6.6 临时用电资料

6.6.1 临时用电施工组织设计及审核、验收手续。

6.6.2 电工特种作业操作资格证书。

6.6.3 总包单位与分包单位的临时用电管理协议。

6.6.4 临时用电安全技术交底资料。

6.6.5 配电设备、设施合格证书。

6.6.6 接地电阻、绝缘电阻测试记录。

6.6.7 日常安全检查、整改记录。

6.7 安全防护资料

6.7.1 安全帽、安全带、安全网等安全防护用品的产品质量合格证。

6.7.2 有限空间作业审批手续。

6.7.3 日常安全检查、整改记录。

7 附则

7.1 工程质量安全手册是根据法律法规、国家有关规定和工程建设强制性标准制定，用于规范企业及项目质量安全行为、提升质量安全管理水平，工程建设各方主体必须遵照执行。

7.2 除执行本手册外，工程建设各方主体还应执行工程建设法律法规、国家有关规定和相关标准规范。

7.3 各省级住房城乡建设主管部门可在本手册的基础上，制定简洁明了、要求明确的本地区工程质量安全手册实施细则。

7.4 本手册由住房城乡建设部负责解释。

第2章 房屋建筑工程质量常见问题防治

2.1 地基与基础及地下工程

2.1.1 旋挖成孔灌注桩基础质量问题防治

旋挖成孔灌注桩的勘察、设计、施工、质量检查和验收，应符合《岩土工程勘察规范》GB 50021、《建筑桩基技术规范》JGJ 94 和《建筑地基基础设计规范》GB 50007 的要求和其他现行有关标准的规定。

持力层为岩石的大直径单柱单桩，应视岩性检验孔底下 3 倍桩身直径或 5m 深度范围内有无土洞、溶洞、破碎带或软弱夹层等不良地质条件。对高回填土、岩溶、岩土界面坡率大于 10% 复杂地基的持力层为岩石的单柱单桩，应在成孔前或终孔时，用超前钻逐孔对孔底下 3d 或 5m 深度范围内持力层进行检验，查明是否存在溶洞、破碎带和软夹层等，并提供岩芯抗压强度试验报告。

对群桩基础的持力层超前钻孔检验，每一承台下至少应检验一孔。群桩相邻桩孔成孔时，发现持力层层面高差超过 2m 的，应补充施工勘察，基岩地区应注意将孤石误判为基岩的问题。

施工前应按施工方案进行试成孔。对高回填土、岩溶、岩土界面坡率大于 10% 等复杂地基的场地，应选取地质较不利的和有代表性的部位进行试成孔，孔数一般不少于 3 个。试成孔应验证施工方案所选择的旋挖设备和成孔方法的可行性，明确成孔过程中的主要参数及遇到复杂地质情况时采取的处理方法，同时复核地质勘察报告及现场地质情况是否吻合。对地质勘察报告中、试成孔中反映的不良场地，施工应选用全钢护筒护壁成孔方法或全桩混凝土换填成孔方法施工，或采用强夯、灌浆等措施对场地土进行处理后再施工。

不良场地包括松散填土、欠固结土、淤泥质土、石渣回填层或试成孔中出现多段塌孔、埋钻卡钻等问题的成孔困难的建筑场地。当在松散填土场地及建筑场地存在砂卵石、厚度大的淤泥质土等地质条件下旋挖施工时，塌孔是常见的工程问题之一。工程实践表明，在此类地质条件下，采用全钢护筒护壁成孔方法或全桩混凝土换填成孔方法能够取得良好的效果。

新近回填区场地，进行机械钻孔桩施工时，当钻进过程中发生坍塌部位的半径超出设计半径 200mm 及以上时，可考虑采取 C20 混凝土局部回填反压再钻进的措施以防回填区发生大面积沉陷坍塌；当采取 C20 混凝土局部回填反压措施采用 2 次以上仍不能处治钻孔坍塌时，可采取加大钻孔直径逐级钻进与 C20 混凝土回填反压结合措施或全钢护筒护壁钻进措施。

新近填土区域旋挖成孔灌注桩作业时，桩孔初步定后，应采用 300mm 厚 C20 混凝土将设计桩径加 1000mm 范围进行地坪硬化，再进行准确放线定位。桩孔位置一定范围地坪硬化，有利于准确成孔定位，同时有助于防止孔顶塌孔掉渣。

旋挖成孔灌注桩孔口应设置护筒，其主要作用是：固定桩孔位置；控制桩顶标高；保持泥浆水位，防止塌孔；防止钻孔过程汇总的沉渣回流；保护孔口，防止地面石块掉入孔内等。

试成孔或首批桩孔验收检查时，应当核查孔底沉渣厚度的测量方法的有效性。沉渣厚度的检查目前多采用重锤和圆板配合，应使用专用钢丝测绳，并符合探测、计量、计算方法的正确性。有些地方用较先进的沉渣仪，这种仪器应预先做标定。沉渣厚度应在钢筋笼放入后、混凝土浇筑前测定。成孔结束后，放钢筋笼、混凝土导管都会造成土体跌落，增加沉渣厚度，因此，沉渣厚度应是二次清孔后的结果。

灌注水下混凝土前，应有各类桩径的混凝土初灌量计算，并形成相应技术交底资料。混凝土初灌量可根据《公路桥涵施工技术规范》JTG/T F50—2011 中 8.2.11 的有关规定进行计算。混凝土初灌量是水下混凝土施工的关键，通过积聚一定量的混凝土积蓄的能量将导管内泥浆逼出，实现水下封底，并保证封底后导管外泥浆不会进入混凝土内。混凝土初灌量应满足导管埋入混凝土深度不小于 0.8m 的要求。

水下混凝土的强度应按比设计强度提高等级配制；在设计图纸未注明水下混凝土强度等级、无试验依据的情况下，水下混凝土配制的标准试块强度等级可参照表 2-1。由于水下灌注的混凝土实际桩身强度会比混凝土标准试块强度等级低，在设计图纸未注明水下混凝土强度等级时，试配时应提高等级。在无试验依据的情况下，水下混凝土配制的标准试块强度等级提高值应参照《建筑地基基础工程施工规范》GB 51004—2015 的规定。

表 2-1 水下混凝土强度等级对照表

项目	标准试块强度等级					
混凝土设计强度等级	C25	C30	C35	C40	C45	C50
水下混凝土配制强度等级	C30	C35	C40	C50	C55	C60

2.1.2 地下室渗、漏水防治

地下室外墙周边存在地表渗水或岩层裂隙渗水时（形成的积水范围较大），地下室外墙防水应设置室外排水与防水相结合的排防措施，地下室底板应采取防潮措施；当有直接排入市政管网条件时，应沿地下室挡墙周边设置排水盲沟及积水井直接引入市政管网；当无法直接引入市政管网时，须在室外增加集水坑设计，采用提排方式引入市政管网，同时可沿地下室外墙在室内设置排水系统辅助疏排。当地下室周边地下水位较高或地表渗水量大、积水丰富时，应加强地下室外墙和底板的防水措施，并宜考虑渗漏水的室内疏排措施。

地下室外墙钢筋应采用直径细而间距密的方法配置，水平配筋间距应为 100～

150mm，分布宜均匀，保护层厚度25～30mm。墙体厚度大于等于400mm时应考虑墙身中间配筋，水平分布筋宜设置在竖向钢筋外侧。对水平截面变化较大处，应增设抗裂钢筋。一般起支挡作用的地下室外墙体水平分布筋布置在竖向钢筋内侧，但墙体变厚时，考虑表层抗裂需要，宜将水平分布筋设置在竖向钢筋外侧。

设计中应合理设置伸缩缝，最大间距为30m。增大伸缩缝间距时，应考虑采取减小混凝土收缩或温度变化的措施、采用专门的预加应力或增配构造钢筋的措施，采取跳仓浇筑、后浇带、控制缝等施工方法，并加强施工养护。

地下室宜减少变形缝。当必要设置时，应设置在结构截面的突变处、地面荷载的悬殊段和地基明显不同的地方。并根据地下水压、水质、防水等级、地基和结构变化的情况，选择合适的构造形式和材料。环境温度在50℃以下，且不受强氧化剂作用，变形量较大时，可采用埋入式止水带和表面附贴式橡胶止水带相结合的防水方式，变形缝内还可嵌止水条止水。对环境温度高于50℃的变形缝，可采用2mm厚的紫铜片或3mm厚不锈钢等金属止水带；有油类侵蚀的地方，可用相应的耐油橡胶止水带或塑料止水带；明显无水压的地下工程，可选用卷材防水层防水，并应符合下列规定：

（1）后浇带部位应采取止水板或止水条等加强防水措施，应有构造详图；

（2）后浇带的后浇混凝土应采用膨胀混凝土；

（3）施工缝防水措施同后浇带。

随着我国工程建设的高速发展，现浇大体积、大面积和超长混凝土得到大量应用。同时其外裂情况不断增多，补偿收缩混凝土是一种较好的解决手段。防水混凝土采用补偿收缩混凝土时，应符合《补偿收缩混凝土应用技术规程》JGJ/T 179的要求。应在设计图纸中明确注明不同结构部位的限制膨胀率指标要求。在施工前，应出具补偿收缩混凝土的配合比试验报告，并应有限制膨胀率系数试验检测报告。防水混凝土浇筑时，应按规定现场取样进行收缩补偿混凝土限制膨胀率检测，并出具限制膨胀率系数试验检测报告。限制膨胀率试验应按现行国家标准《混凝土外加剂应用技术规范》GB 50119的有关规定进行。穿过防水混凝土结构的对拉螺杆应采用带止水环的分体式对拉螺杆；在靠墙面模板内侧对拉螺杆两端应套入专用堵头；在拆除堵头后，应将留下的凹槽封堵密实，并在迎水面涂刷防水涂料。

地下室墙体一般较长，目前一些施工单位对混凝土浇筑完毕后养护不及时，经常造成混凝土开裂等质量问题。因此地下室墙体混凝土浇筑完成后，应及时对暴露在大气中的混凝土表面进行潮湿养护，养护期不得少于14d。墙体浇筑完成后，可在顶端设多孔淋水管，达到脱模强度后，可松动对拉螺栓，使墙体外侧与模板之间有2～3mm的缝隙，确保上部淋水进入模板与墙壁间，也可采取其他保湿养护措施。在冬期施工时，构件拆模时间应延至7d以上，表层不得直接洒水，可采用塑料薄膜保水，薄膜上部再覆盖岩棉被等保温材料。已浇筑完混凝土的地下室，应在进入冬期施工前完成灰土的回填工作。当采用保温养护、加热养护、蒸汽养护或其他快速养护等特殊养护方式时，养护制度应通过试验确定。

特别对于采用补偿收缩混凝土的墙体，充分的水养护是保障补偿收缩混凝土发挥其膨胀性能的关键技术措施，应予以足够的重视，特别是早期。补偿收缩混凝土在硬化初期应避免受到低温、干燥以及急剧的温度变化影响。新浇筑的混凝土既没有足够的强度，也没有建立起有效的膨胀应力，不能够抵御突然降温或振动、冲击等产生的破坏应力，为防止出现裂缝，要采取一定的保护措施。

地下工程在施工过程中，应保持地下水位在防水混凝土底面 500mm 以下，并应排除地下水。金属止水带宜折边，连接接头应焊缝饱满、表面平整。用木丝板和麻丝或聚氯乙烯泡沫塑料板作填缝材料时，随砌随填，木丝板和麻丝应经沥青浸湿。埋入式橡胶或塑料止水带施工时，严禁在止水带的中心圆环处穿孔，应埋设在变形缝横截面的中部，木丝板对准圆环中心。止水带接长时，其接头应锉成斜坡，毛面搭接，并用相应的胶黏剂黏结牢固。金属止水带压铁上下应铺垫橡胶垫条或石棉水泥布，以防渗漏。金属止水带接头应采用相应的焊条双面满焊，并做渗漏检测。采用膨胀止水带条嵌缝，止水带条应具有缓胀性能，使用时应防止先期遇水浸泡膨胀。

地下室底板、顶板不宜留纵向施工缝，墙体不宜留垂直施工缝，墙体水平施工缝应留在高出底板不小于 300mm 的墙体上。必须在底板、墙体留设施工缝时，应采取防水措施。

后浇带、施工缝浇筑混凝土前，应将其表面浮浆和杂物清除，并凿到密实混凝土，同时加工凿毛，用水冲洗干净并充分润湿。浇筑混凝土时，应先铺设与混凝土同强度等级的去石水泥砂浆，并及时浇筑混凝土且振捣密实，加强养护。顶板后浇带处的支撑应独立设置，在后浇带处混凝土浇筑并达到强度后方能拆除。

地下室外墙防水层、保护层应具有防止碰撞、撕裂破坏的强度，不得采用挤塑聚苯板（XPS）等易损材料；防水层和保护层之间应设置低强度隔离层。当采用砖墙保护层时，应采取分层砌筑保护砖墙，及时分层回填土的措施，砖墙保护层分层砌筑高度不得超过 2.0m，且在砌筑砖墙保护层时，应在砖墙保护层与防水层间及时填充低强度等级水泥砂浆。当采用复合模板作外墙防水保护层时，应在防水层外粘贴厚度不小于 30mm 的塑料泡沫板。地下室挡墙外侧应及时回填，对不能及时回填的、施工期长的高深挡墙，应采取减少室内外温差的保温措施。

2.1.3 地面下沉、开裂防治

对不设结构底板的地面混凝土垫层应考虑配置抗裂钢筋，并加强垫层厚度的控制。新近回填基土上的混凝土垫层厚度不宜小于 100mm，并应配置 $\phi 6.5$ 及以上双向钢筋网片，钢筋间距不应大于 200mm。填充墙（非轻质隔墙）下宜设置地梁，未设置地梁的填充墙基础应采用混凝土放大脚基础，如图 2-1 所示。土层超过 1m 时，填充墙下应设置地梁，并建议增设结构底板，如图 2-2 所示。

混凝土垫层与回填层之间增铺一层塑

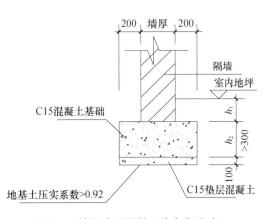

图 2.1 填充墙下混凝土放大脚基础

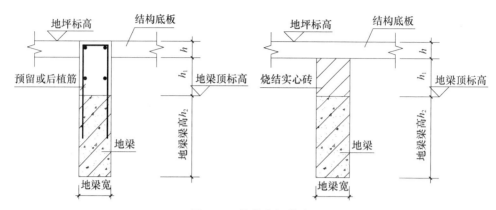

图 2-2 结构底板做法

料薄膜。当新近回填土层较厚时，宜采用在夯实土层上铺设 200mm 厚毛石，再铺 50mm 厚碎石的方法加强地基。回填时应选择符合要求的材料，应根据不同的土质和填土厚度明确基土的压实系数和质量要求。回填土应按规范要求分层见证取样做密实度试验，质量必须符合设计要求。当设计无要求时，压实系数不应小于 0.9。分格缝在垫层浇筑前应预留，纵横向间距不大于 6m，不宜采用后切割工艺。混凝土垫层浇筑完毕后应在终凝前进行至少二次原浆压实收平并加强养护。

2.2 主体结构

2.2.1 钢筋混凝土结构板开裂防治

楼面板配筋宜采用直径细而间距密的方法配置，受力钢筋间距不宜大于 150mm，分布钢筋间距不宜大于 200mm，楼板配筋应设计为双层双向钢筋。在不规则现浇板内阳角、转角房间有墙约束的板角应设置放射形钢筋，钢筋数量不少于 7 根，长度应大于现浇板短边净跨的 1/3，且不小于 1.5m，如图 2-3 所示。角部房间设置了阳光窗或转角窗，导致端部墙体为一字形墙或翼墙很小的 L 形墙时，楼板厚度不宜小于 120mm，并应采取加强措施，如图 2-4 所示，按此大样实施后不再增设图 2-3 的附加放射钢筋。

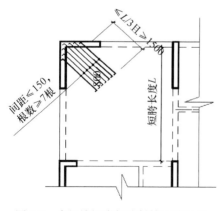

图 2-3 房间楼板附加放射筋配筋示意

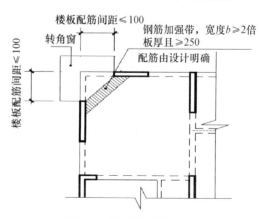

图 2-4 转角窗钢筋加强带

当室外悬挑板挑出长度大于等于 500mm、宽度大于等于 3500mm 时，沿板纵向应设置抗裂钢筋，抗裂钢筋直径大于等于 6.5mm、间距小于等于 150mm。悬挑板板面负筋不能由梁纵筋或梁侧腰筋固定时，应设置两根直径不小于 8mm 的附加钢筋，以固定板面负筋，如图 2-5 所示。

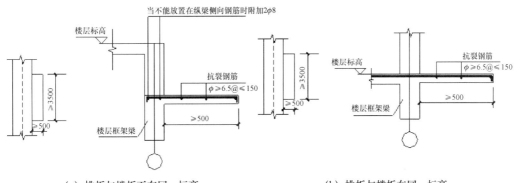

(a) 挑板与楼板不在同一标高　　　　　　　(b) 挑板与楼板在同一标高

图 2-5 悬挑板抗裂钢筋配筋

强弱电管线钢筋加强：当预埋管线采用竖向穿梁布置时，管线距梁边必须大于 50mm，管线与管线间距必须大于一倍管径，该段梁箍筋间距不宜大于 100mm；现浇板内管线禁止 3 层及 3 层以上管线交错叠放。

端部无搁置的板面钢筋应设置横向搁置钢筋，如图 2-6 所示。板钢筋支垫应优先采用上、下层筋一体化支垫。板筋上、下层筋分别支垫时，板面受力钢筋采用长条钢筋马凳。支垫应制作样板工程。

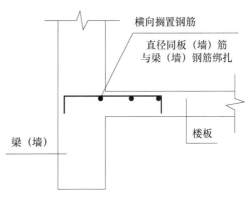

图 2-6 板横向搁置钢筋示意

施工前，模板支撑方案应包含悬挑阳台及悬挑板、后浇带部位的模板支撑系统，以及首层模板支撑基础处理措施。施工缝应选择在受剪力较小的部位（板跨 1/3 位置），并做好施工缝处理措施。楼板混凝土浇筑前应搭设楼板混凝土浇筑专用施工通道，以防踩踏梁板钢筋。在混凝土终凝前，应进行两次以上的抹面压实收平。应优先采用一次性机械抹光施工工艺。楼板混凝土浇筑完毕 12h 内，及时采取覆盖养护措施。板上堆载和搭设支撑体系的时间不得少于浇筑完毕后的 12h。分区浇筑时，应取好分区浇筑的记录与上荷时间记录。浇筑梁板混凝土前，应对上一次浇筑洒落的已经初凝的混凝土进行清除。现浇板养护期间，当混凝土强度小于 1.2MPa 时，不得进行后序施工。当混凝土强度小于 10MPa 时，不得直接在现浇板上吊运、堆放重物。吊运、堆放重物时应减轻对现浇板的冲击影响。

雨期施工期间，除应采取防护措施外，小雨天气不宜进行混凝土露天浇筑，大雨、暴雨天气严禁进行混凝土浇筑。混凝土浇筑后，对已浇筑的混凝土应及时采取覆盖塑料薄膜等防雨措施，未浇筑的部位按施工缝留设处理。

梁板悬挑结构的模板及其支撑体系拆除，必须留置同条件试件，且待同条件试件强度达到设计强度要求方可拆除。

2.2.2 钢筋混凝土剪力墙问题防治

为防止钢筋混凝土剪力墙墙体因混凝土收缩而开裂，设计中应采取以下措施：

（1）墙段长度应小于等于 8m，当出现墙段长度大于 8m 的无洞口墙段时，应在长墙段中设置洞口，以保证墙段长度小于等于 8m。

（2）当墙段长度大于 5m 且小于 8m、两端有尺寸较大的柱约束时，墙段水平钢筋应加强，水平钢筋配筋率应大于等于 0.3% 且水平钢筋间距为 100~150mm。

（3）当墙段厚度大于等于 400mm，墙段应设计为 3 层分布，钢筋应加强，水平钢筋配筋率应大于等于 0.3% 且水平钢筋间距为 100~150mm。

C60 及以上高强度等级混凝土剪力墙用混凝土配合比设计应采取降低水化热、减少收缩的措施，必要时添加抗裂纤维，水平钢筋配筋率应大于等于 0.3% 且水平钢筋间距为 100mm。

剪力墙暗柱竖向纵筋定位偏移时，严禁采用热弯纠偏，偏移超过 30mm 的处理措施应经设计单位结构专业工程师书面确认。管线不应在墙水平截面顺轴线集中布置，特别是暗柱区域，确有必要，应经设计单位结构专业工程师书面确认。安装管道穿墙洞口、悬挑脚手架型钢构件穿墙临时洞口，不得设置在剪力墙的暗柱、端柱、壁柱、连梁区域。剪力墙墙身上的临时洞口应完善后期补洞措施，并经设计单位同意。

混凝土浇筑完毕后 12h 内对混凝土进行保湿养护，养护期应不少于 7d。强度等级 C60 及以上的混凝土，养护期不应少于 14d；地下室底层和上部结构首层墙混凝土带模养护时间，不应少于 3d；带模养护结束后，可采用洒水养护方式继续养护，也可采用覆盖养护或喷涂养护剂养护方式继续养护。混凝土终凝前不得扰动钢筋，终凝后应进行施工缝处理。

尺寸 30mm 以下的洞口，采用微膨胀干硬性砂浆、发泡剂分两次堵塞；尺寸 30~200mm 的洞口，采用微膨胀干硬性砂浆（混凝土）分两次堵塞；尺寸大于 200mm 的较大孔洞（如外架悬挑工字梁预留孔洞），不得采用砌块后塞砌筑的方式堵孔，须采用支模后浇细石混凝土的方式堵孔。

2.2.3 后浇带结构混凝土开裂、渗漏

后浇带的支撑架与其他梁板的支撑架应单独设计搭设，两侧其他梁板支撑架的水平横杆应延伸至独立后浇带的支撑架内，与其横向水平杆搭接不小于 1m，在设计要求时间内不能拆除。梁、板模板应一次性支设完成并在梁底、板底同时预留好 200mm×200mm 的清扫口，如图 2-7 所示。

后浇带处混凝土拦截应采用梳子模板和钢丝网，后浇带的接缝应按平直缝、阶梯缝、槽口缝等形式，凿毛碎渣集中从预留孔位置清理并冲洗，然后用模板盖住后浇带并进行保护。达到对后浇带的保留时间要求后，采用提高一个强度等级的补偿收缩膨胀混凝土浇筑。浇筑前用钢丝刷除去钢筋或钢板止水带上的锈皮，压力水冲洗后，压缩空气

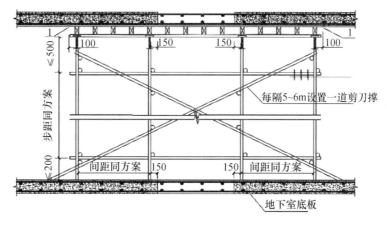

图 2-7 后浇带支撑体系

清除积液和灰渣,剔除两侧松散石子直至坚实层,力求平整,在旧混凝土面应刷一层同强度等级水泥浆。

混凝土浇筑完毕,混凝土表面达到初凝后应立即进行养护。养护时宜采用麻袋(随时保证麻袋湿润),养护时间不得少于 14d。后浇带两侧应采取模板或其他有效措施封堵。

2.2.4 填充墙砌体结构问题防治

填充墙砌体结构应符合《砌体结构设计规范》GB 50003、《建筑抗震设计规范》GB 50011 和《非结构构件抗震设计规范》JGJ 339 的要求。填充墙施工前应编制施工详图,并经设计单位确认。施工详图主要应包括下列内容:

(1)总说明;

(2)各层平面布置图(墙体规格、构造柱位置、预留的洞口位置);

(3)墙体砌块排列图(砌块、预制块体、后塞口、预留箱体、门窗洞口、过梁、水平系梁、圈梁、压顶、门窗固定点、拉结筋等设置位置和尺寸);

(4)节点图(门洞、窗洞、构造柱、卫生间、消防箱、接槎等)。

填充墙长大于 5m 时,墙顶与梁宜有拉结;墙长超过 8m 或层高 2 倍时,宜设置钢筋混凝土构造柱,构造柱间距不宜大于 4m,框架结构底部两层的钢筋混凝土构造柱宜加密。填充墙开有宽度大于 2m 的门洞或窗洞时,洞边宜设置钢筋混凝土构造柱;墙高超过 4m 时,墙体半高宜设置与柱连接且沿墙全长贯通的钢筋混凝土水平系梁。洞口宽度大于 300mm 时应采用钢筋混凝土过梁。门窗洞边两侧固定点一砖范围内应采用烧结实心砖或预制混凝土块砌筑,门窗洞边两侧固定点竖向间距不得大于 1000mm;门窗周边墙垛长度小于 240mm 时(即有洞口的填充墙尽端至门窗洞口边距离小于 240mm 时),应设置现浇钢筋混凝土墙垛,如图 2-8 所示,窗台处应设宽度同墙厚的现浇窗台压顶。

当预留门窗洞口净空宽度尺寸大于等于 1.5m 且小于 2.1m 时,洞口两侧应设计钢筋混凝土边框;当预留门窗洞口净空宽度尺寸大于等于 2.1m 时,洞口两侧应设计钢筋混凝土构造柱。

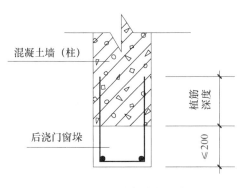

混凝土墙（柱）

后浇门窗垛

植筋深度

≤200

图 2-8　现浇门窗垛示意

窗洞下口应浇筑宽度与墙厚相同、高度不小于 60mm、长度每边伸入墙内不少于 100mm 的混凝土压顶，内配不小于 2Φ8 主筋和 Φ6@ 250 的分布筋，混凝土强度等级 C20。填充墙端部无结构主体柱、墙连接时，其长度小于 240mm 时应设置现浇钢筋混凝土墙垛，长度大于 3 倍墙厚但不大于 1.2m 时应在端部设置边框，长度大于 1.2m 时设置构造柱。窗间墙长度小于 310mm 时应设置现浇钢筋混凝土墙垛，不大于 0.8m 时应在两端设置边框。

外围护墙、楼梯间隔墙拉结筋应通长设置。拉结筋连接，单面焊接时不小于 10d，绑扎搭接时不小于 400mm。楼梯间和人流通道的填充墙，尚应采用钢丝网砂浆面层加强。钢丝网网孔 12.7mm，采用热镀锌处理，丝径 0.9mm。

2.3　装饰装修工程

2.3.1　一般要求

内墙、外墙及天棚抹灰前，基层处理应分别符合《抹灰砂浆技术规程》JGJ/T 220 中 6.1.1 和 6.3.1 条的相关要求。

抹灰层出现开裂、空鼓和脱落等质量问题的主要原因之一是基层表面不干净，如基层表面附着的灰尘和疏松物、脱模剂和油渍等，这些杂物不彻底清除干净会影响抹灰层与基层的黏结。因此，抹灰前应将基层表面清除干净，凡凹凸度较大处，应用聚合物水泥抹灰砂浆修补平整或剔平。

在混凝土（包括预制混凝土）板基层上抹灰，由于各种因素的影响导致抹灰层脱落的质量事故时有发生，严重时会危及人身安全。据相关工程经验，为解决混凝土基层表面上抹灰层易脱落的问题，抹灰层可采用聚合物抹灰砂浆或石膏抹灰砂浆，实践证明这种方法效果良好。由于聚合物抹灰砂浆、石膏抹灰砂浆具有良好的黏结性能，也适用于加气混凝土砌块和板表面的抹灰。基层应清理干净，含水率应符合相关规范的要求。抹灰基层涂刷溶剂型涂料时，含水率不大于 8%；混凝土或抹灰基层涂刷乳液涂料时，含水率不得大于 10%。

抹灰工程施工前，内外墙不同材质交界处（含线槽）应挂设热镀锌钢丝网，钢丝网加强带与各基体的搭接宽度不应小于 150mm，端部应延伸不少于 100mm，固定钉间距不大于 400mm；加气混凝土砌块、煤渣空心砌块和混凝土小型空心砌块应满挂热镀锌钢丝网，固定钉纵横间距不应大于 1000mm；钢丝网筋直径不应小于 0.8mm，钉挂应牢固、平整。不同材料基体交接处，由于吸水和收缩性不一致，导致接缝处表面的抹灰层容易开裂，应采取加强措施以切实保证抹灰工程的质量。

外墙抹灰用砂浆应根据产品性能试验确定掺入抗裂纤维的含量。掺入抗裂纤维是有效解决外墙渗漏水难题，防止外墙抹灰层收缩开裂的一个重要措施。

2.3.2 天棚常见问题防治

1. 抹灰空鼓、开裂、脱落时宜采取下列措施：

（1）宜优先选用石膏抹灰砂浆；石膏抹灰砂浆与各种墙体基材都有较好的粘结性能，且具有施工工效高、绿色环保等特点；

（2）采用水泥砂浆抹灰时，底层用 M15 聚合物水泥砂浆，面层宜采用掺有抗裂纤维的水泥砂浆，面层水泥砂浆强度应高于底层水泥砂浆强度。

2. 涂料起皮、脱落、流坠、颜色不均匀时应采取下列措施：

（1）腻子应符合《建筑室内用腻子》JG/T 3049 中耐水型（N 型）的要求，见表2-2：

表 2-2

项目			技术指标
			耐水性（N）
容器状态			无结块、均匀
低温贮存稳定性			三次循环不变质
施工性			刮涂无障碍
干燥时间	单道施工厚度/mm	<2	≤2
		≥2	≤5
初期干燥抗裂性（3h）			无裂纹
打磨性			手工可打磨
耐水性			48h 无起泡、开裂及明显掉粉
黏结强度/MPa	标准状态		>0.50
	浸水后		>0.30
柔韧性			—

· 在报告中给出 pH 实测值。

· 液态组分或膏状组分需测试此项指标。

（2）用于外墙外保温系统的涂饰材料必须满足外墙外保温系统的吸水性和透气性要求，且与系统相匹配；

（3）宜选择乳胶型或溶剂型涂料，严禁使用易粉化的涂料；

（4）采用溶剂型涂料时，混凝土或抹灰基层应涂刷抗碱封闭底漆；抗碱封底材料必须与面层砂浆、基层腻子材料和饰面涂料性能相匹配；采用乳胶型涂料时，乳胶漆面层涂刷至少两遍，每遍干后，应复补腻子并用砂纸轻轻磨光，用干布清理面层浮粉后涂刷下一遍；

（5）涂刷应多遍成活，涂刷不宜低于 2 遍，待前遍涂膜干燥后进行下道涂刷；每一遍涂膜应涂刷均匀，不得漏涂、流坠。

内墙面涂料起皮、起层、脱落、颜色不均匀，均适用以上方法。

3. 吊顶裂缝、下垂应采取下列措施：

（1）吊顶工程施工前应进行深化设计，吊杆直径、主次龙骨壁厚、间距等符合载荷、功能、美观要求。

（2）宜优先选用轻钢龙骨，其主龙骨壁厚不应小于 1.2mm，次龙骨壁厚不宜小于 0.8mm。

（3）纸面石膏板、水泥纤维板、硅钙质板吊顶，应采用直径不小于 6.5mm 的金属吊杆，吊杆间距宜为 800~1000mm，距主龙骨端部不应大于 300mm；吊杆长度大于 1.5m 时，应设置反支撑。钢筋吊杆、预埋件应进行防锈处理。

（4）应选择强度高、刚性韧性好、吸湿性和防火性能优良、发泡质地均匀、边部成型饱满的纸面石膏板、水泥纤维板、硅钙质板。

（5）基层板与板之间的缝隙宜为八字形缝，宽度 8~10mm，应用专用石膏腻子嵌缝，待嵌缝腻子基本干燥后，再贴抗拉强度高的接缝带。

（6）采用自攻螺钉固定板材的，螺钉间距宜为 150~170mm，但不得大于 200mm，应采用自攻枪一次性垂直打入并紧固，螺钉头埋入板材表面不小于 0.5mm，且不得损坏纸面。螺钉距板边宜为 15~20mm。

（7）所有吊顶的检查口宜采用成品检查口。

轻钢龙骨吊顶基层转角处未采取硬连接，影响吊顶牢固性与稳定性，石膏板产生裂缝，须在轻钢龙骨转角处增加硬连接加强其牢固度，并提前做实物交底。

2.3.3 内墙面常见问题防治

1. 抹灰空鼓、开裂、脱落、返潮时应采取下列措施：

（1）宜选用预拌砂浆或轻质抹灰石膏；

（2）抹灰工程施工前应先安装钢木门窗框、护栏等，并应将墙上的施工孔洞堵塞密实；

（3）采用开槽施工工艺时，配电箱、线盒、线管安装应固定牢固；填塞时，必须采用细石混凝土分层填塞密实；

（4）砌体墙面管线安装宜采用表面免开槽施工工艺；

（5）抹灰完成后应及时进行保湿养护，养护时间不应少于 7d；

（6）当抹灰总厚度超过 35mm 时，应采取挂网、掺外加剂等抗裂措施。

2. 饰面板工程空鼓、开裂、脱落须采取下列措施：

（1）高度超过 2m 时，湿作法饰面板工程必须设置钢筋网，其固定点间距不应大于 500mm；钢筋网设置在空心砖或轻质砌块的墙体上时，固定点应采用穿墙钢筋或预埋混凝土预制块的方法固定，混凝土预制块上应设置预埋件；

（2）湿作法饰面板应采用不锈钢丝或铜丝固定，采用大理石胶或生石膏浆座缝；采用湿作法施工的饰面板工程，其板材应做防碱背涂处理；

（3）增加胶粘剂厚度、强度参照相关规范。

2.3.4 外墙面常见问题防治

1. 外墙渗漏时应采取下列措施：

（1）抹灰砂浆宜采用聚合物砂浆或掺抗裂纤维的砂浆。

（2）挑板（挑线）、空调板、露台、外墙凸出构件等有溅水可能的砌体外墙根部均应设置高于装饰完成面 100mm 的混凝土反坎；对难以设置混凝土反坎的部位设置高度、水平宽度均不小于 300mm 的外防水层。

（3）外墙宜采用免留洞施工工艺措施；改进安全设施设置方式，避免外墙上留下孔洞。

（4）外墙施工过程中在墙体留下的各类孔洞填塞不密实，是造成外墙渗漏的主要原因，对各类外墙孔洞的封堵必须密实，才能有效解决渗漏问题。外墙孔洞的封堵应符合下列要求：

① 尺寸小于 30mm 的较小孔洞（如外墙对拉螺杆孔），先在室内外侧铣孔 50mm 深，用干硬性防水砂浆封堵，再用发泡胶枪自外墙外侧向孔内注胶堵孔；

② 尺寸 30～200mm 的洞口，采用微膨胀干硬性砂浆（混凝土）分两次堵塞；

③ 尺寸大于 200mm 的孔洞，须支模后采用高一个等级的微膨胀细石混凝土堵塞。

④ 孔洞堵塞完成后，在外墙贴一层自粘卷材，覆盖孔洞外沿不小于 80mm。

（5）穿越外墙的管线宜使用带穿墙套管预制混凝土砌块工艺，套管内高外低。增加预留洞坡度要求、伸出墙面长度要求。

（6）外露雨篷、挑板上表面按不小于 5% 的坡度找坡。

（7）与种植土、填充层直接接触的外墙面，填充墙砌体下部应设计成混凝土反坎，并设置高于完成面 300mm 的防水层，如图 2-8 所示。

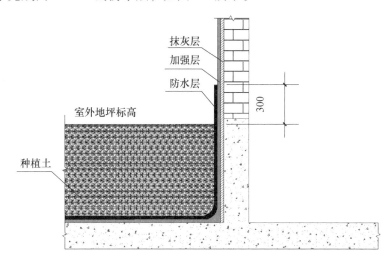

图 2-8　外墙面示意

（8）空调机位背部、侧部墙体宜抹 1：2 防水水泥砂浆作防潮层，底部按不小于 5% 的坡度找坡。

2. 涂料起皮、起层、颜色不均匀、流坠、掉色、掉粉、接茬接痕明显应采取下列措施：

（1）外保温墙面应优先采用合成树脂乳液外墙涂料饰面，涂料性能应达到《合成树脂乳液外墙涂料》GB/T 9755 的标准。

（2）应根据外墙涂料品种要求，合理设置分格缝。

（3）涂料施工前，基层应无空鼓、裂缝，并干净、干燥。对于溶剂型涂料，基层含水率小于等于8%；对于乳液型涂料，基层含水率小于等于10%。

（4）应针对不同涂料品种、不同基面条件、不同气候和不同质感要求，确定合适的喷涂工艺并做出样板后再大面积跟样施工。严禁不同品种涂料、添加剂和稀释剂混用。

2.3.5 楼地面常见问题防治

1. 水泥砂浆、水泥混凝土地面起砂、空鼓、开裂应采取下列防治措施：

（1）面层和初装饰的找平层应采用细石混凝土铺设，混凝土强度等级不应小于C20；

（2）基层清洗时检查楼地面是否有裂缝、渗漏，裂缝、渗漏按技术处理方案处理后方可进行找平层或面层施工；

（3）收面工作在混凝土初凝前完成，压光工作应在混凝土终凝前完成，面层的压光遍数不应少于2遍；楼面面层施工24h后应进行养护，连续养护时间不应少于7d，并加强成品保护；

（4）楼面面层施工7d内应进行分仓弹线切割，分仓间距按开间或不大于6m进行；分仓缝深度与面层厚度相同，宜用切割机具切割整齐、平直，并采用油膏、沥青嵌缝。

2. 卫生间、厨房、阳台楼地面渗漏应采取下列防治措施：

（1）卫生间、厨房、阳台应设置细石混凝土找平层；卫生间、厨房、生活阳台应设置防水层；

（2）卫生间结构板宜设置地漏；厨房、卫生间管道、地漏宜选择止水节产品一次预埋到位；使用止水节可以避免管道穿越楼板时进行洞口封堵的工序，能显著降低管道根部渗漏风险；

（3）基层应检查是否有裂缝、渗漏，裂缝、渗漏按技术处理方案处理后方可进行面层、防水层施工；

（4）防水层每一遍施工完成后，应在门洞处进行封闭，48h内不得上人踩踏；尖锐的物品不得直接搁置在防水层上；

（5）下沉式卫生间和厨房、生活阳台的防水层在门口处应水平延展，且向外延展的长度不应小于500mm，向两侧延展的宽度不应小于200mm，如图2-9所示；

（6）厨房、生活阳台防水层应延伸至墙面，高度至少应高出饰面层200mm；配水点部位防水层应高出配水点200mm；

（7）防水工程施工完毕后应做蓄水试验或泼水试验，蓄水最小高度不应低于30mm，时间不得少于24h，应无渗漏；

（8）厨房、卫生间排气（烟）道周边应做150mm高、50mm宽挡水。

2.3.6 楼梯踏步常见问题防治

1. 踏级阳角处开裂或脱落应采取下列防治措施：

（1）踏步抹面前，应将基层清理平整，灰层等杂物清理干净，并充分洒水润湿；

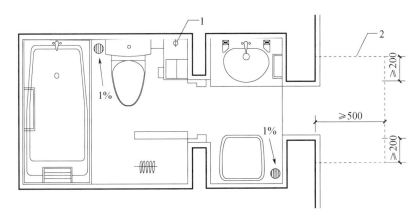

图 2-9　楼面门口处防水层延展示意
1—穿越楼板的管道及其防水套管；2—门口处防水层延展范围

（2）细石混凝土抹面前，应先刷一道素水泥砂浆或界面剂，在界面砂浆表面稍收浆后再进行抹灰，两道工序间隔时间不宜过长；

（3）踏步平、立面的施工顺序应先抹立面，后抹平面，使平、立面的接缝在水平方向，并将接缝抹压紧密；

（4）踏步阳角应在抹面前，用 M20 以上的水泥砂浆做护角，每侧宽度宜为 50mm；采用 M20 以上砂浆做踏步阳角护角，能有效防止踏步阳角在使用过程中发生缺损；

（5）抹面完成后应加强养护，养护天数不应少于 7d，养护期间应注意成品保护。

2. 踏级宽度和高度尺寸不一时应采取下列防治措施：

（1）楼梯结构施工阶段，踏步、模板应采用定型化模板制作，尺寸一致；

（2）计算楼梯平台处结构标高与建筑标高差值，应用此差值控制地面面层厚度；

（3）根据楼梯和平台面层的做法，在梯段结构层施工时调整结构尺寸；

（4）抹面层时，应调整楼面面层厚度，使楼梯踏步尺寸统一。

楼梯平台处结构标高与建筑标高差值，会影响楼梯踏步整体高度，进而影响每一级踏步的高度尺寸。通过标高差值来控制地面面层厚度，使每一级踏步高度尺寸一致，这在踏步抹面时要尤为注意。

2.3.7　门窗常见问题防治

门窗工程施工前应进行深化设计。多数门窗工程在深化设计时，仅考虑了建筑平面需要，忽略了门窗的节能保温等其他性能指标的要求，因此要求门窗工程深化设计应经原设计单位复核性能要求。

1. 门窗变形、翘曲、拼缝不严须采取下列防治措施：

（1）平开窗窗扇宽度不宜大于 600mm；

（2）门窗拼樘料应左右或上下贯通，并直接锚入洞口墙体上；拼樘料与门窗框之间的拼接应为插接，插接深度不小于 10mm；

（3）铝合金窗的主受力型材壁厚不得小于 1.4mm，门的主受力型材壁厚不得小于 2mm，镀锌钢副框壁厚不应小于 2.5mm；

（4）塑钢门窗型材必须选用与其相匹配的热镀锌增强型钢，型钢壁厚应满足规范和设计要求，且塑钢窗钢衬厚度大于等于 1.5mm，塑钢门钢衬厚度大于等于 2.0mm；

（5）门窗安装临时定位用木楔应及时清除；门窗框应采用热镀锌钢片和膨胀螺钉连接固定，镀锌钢片厚度不小于 1.5mm，固定点从距离转角 150～200mm 处开始设置，中间间距不大于 600mm；严禁用长脚膨胀螺栓穿透型材固定门窗框；空心砖或轻质砌块墙体洞口侧应预埋实心砖或混凝土块，以便固定连接片；

（6）窗框、扇杆件的装配间隙应有效密封，紧固件部位应进行密封处理；拼樘料与窗框连接部位、铝合金窗的拼角与拼缝处均应打密封胶或采取有效可靠的防水密封措施。

2. 门窗开启不灵活、五金件使用不当应采取下列防治措施：

（1）选用五金配件的型号、规格和性能应符合国家现行标准和有关规定要求，并与门窗相匹配；平开门窗扇的铰链、螺栓或撑杆等应选用耐腐蚀金属材料；

（2）门窗开启扇及开启五金件宜在工厂内装配完成；开启五金件的安装位置应正确、牢固可靠，装配后应动作灵活；

（3）门窗框、扇搭接宽度应均匀，密封条、毛条压合均匀；扇装配后启闭灵活，无卡滞、噪声，启闭力应小于 50N；

（4）塑料门窗五金件安装时，连接部位必须设置金属衬板，其厚度不应小于 3mm；紧固件安装时，必须先钻孔，后拧入自攻螺钉，严禁直接锤击打入。

3. 外门窗渗漏须采取下列防治措施：

（1）窗框安装固定前，应根据水平基准线、洞口定位中线和墙体轴线对预留洞口尺寸进行复核，整改处理后，再实施外框或副框固定；外框与墙体间的缝隙宽度应根据外保温厚度和饰面材料确定；

（2）门窗洞口应在清理干净并干燥后，施打闭孔弹性发泡剂，发泡剂应连续施打，一次成型，充填饱满；溢出门窗框外的发泡剂应在结膜前塞入缝隙内，防止发泡剂外膜破损；严禁水泥砂浆直接接触铝合金框料；

（3）门窗框外侧应留 5mm 宽的打胶槽口，外墙装饰面为粉刷层时，应贴 T 形塑料条做槽口；

（4）基层应清理干净并干燥后才能施打中性硅硐密封胶，密封胶严禁施打在终饰面层上；

（5）为防止推拉门窗扇脱落，必须设置限位块，其间距应小于扇宽的 1/2；

（6）安装玻璃用橡胶密封条或毛毡密封条应符合国家现行产品质量标准，具有良好的耐候性、弹性和抗剪强度，不得采用再生橡胶产品；高层建筑玻璃安装时应留玻框间隙，间隙不宜小于 3mm；

（7）推拉窗宜选用内侧挡水板较高的下滑道，下边框应设置排水孔，排水孔的位置、数量、开口尺寸应满足排水要求；平开窗宜在开启部位安装披水条；

（8）门窗下框槽口应钻直径 8mm 的平底流水孔；窗台面应外倾排水，外倾高差不小于 15mm。

4. 玻璃安装不到位，玻璃易破裂须采取下列防治措施：

（1）玻璃安装时，玻璃周边不得有缺陷，玻璃应倒角磨光；

（2）玻璃不得直接与各种型材接触，必须设置合成橡胶类支承垫块和定位垫块，严禁使用木质垫块；

（3）采用密封胶进行密封处理时，应选用中性硅酮密封胶，其注胶厚度不应小于 3mm；

（4）安全玻璃施工报验时，安全玻璃上必须具有强制性认证标志，并提供国家强制性产品认证证书复印件及产品质量合格证书。

5. 下列门窗玻璃必须使用安全玻璃：

（1）无框玻璃门，且厚度不小于 10mm；

（2）有框门玻璃面积大于 0.5m2；

（3）单块玻璃大于 1.5m2；

（4）沿街单块玻璃大于 1.0m2；

（5）七层及七层以上建筑物外开窗；

（6）玻璃底边离最终可踏装饰面小于 500mm 的落地窗。

2.3.8　护栏常见问题防治

1. 护栏选型不当、高度不够应采取下列防治措施：

（1）低窗台、凸窗等下部有能上人站立的窗台面时，护栏应贴窗安装，且不得影响窗扇的正常开启；贴窗护栏或固定窗的防护高度应从窗台面起计算，净高不应低于 0.9m；

（2）设有立柱和扶手，栏板玻璃作为镶嵌面板安装在护栏系统中，栏板玻璃应使用符合表 2-3 规定的夹层玻璃：

表 2-3　栏板玻璃最大许用面积

玻璃种类	公称厚度（mm）	最大许用面积（m²）
夹层玻璃	6.38、6.76、7.52	3.0
	8.38、8.76、9.52	5.0
	10.38、10.76、11.52	7.0
	12.38、12.76、13.52	8.0

注：依据《建筑玻璃应用技术规程》JGJ 113 安全玻璃的选择要求制定。

（3）栏板玻璃固定在结构上且直接承受人体荷载的护栏系统，当栏板玻璃最低点离一侧楼地面高度不大于 5m 时，应使用公称厚度不小于 16.76mm 的钢化夹层玻璃；当栏板玻璃最低点离一侧楼地面高度大于 5m 时，不得采用此类护栏系统；

（4）临空护栏在设计玻璃组合栏板时，玻璃不应采用点支式或短嵌槽式固定。

2. 护栏连接固定不牢、耐久性差应采取下列防治措施：

（1）玻璃嵌槽安装时，嵌槽深度不小于 15mm；

（2）护栏设计除应明确式样、高度尺寸、材料品种外，还应有制作连接和安装固定的构造详图以及明确杆件、玻璃等构件的规格型号；

（3）室外护栏所用的金属材料应选用耐候材料；

（4）主体为砌体结构时，主体结构与护栏连接处应设置混凝土预埋砌块，预埋砌块强度等级不应低于 C20；

（5）护栏立柱、扶手与主体结构必须有可靠的锚固，每连接处固定螺栓不应少于两颗；

（6）预埋件、受力杆件、防护杆件之间的永久性连接不得采用点焊；

（7）护栏的涂装应均匀，无明显起皱、流坠，无漏刷，附着良好，涂层漆膜厚度应符合设计要求，作业环境应满足相关规范规定，宜在工厂内完成；

（8）护栏工程施工过程中应做好半成品、成品的保护，防止污染和损坏。

2.4 屋面工程

2.4.1 设计构造层漏设、材料选型不当

目前屋面工程中，有的施工图设计深度严重不足，设计者对建筑物的类别、重要程度、使用功能、施工环境、施工条件等因素缺少认真的分析和考虑，未按《屋面工程技术规范》GB 50345 的规定对屋面的防水等级、设防要求、防水构造层次、防水层最小厚度进行设计。因此，屋面防水等级、设防要求、防水构造层次、防水层最小厚度应符合《屋面工程技术规范》GB 50345 的规定。

种植屋面的材料、设计、施工、质量验收等应符合《种植屋面工程技术规程》JGJ 155 的要求。种植屋面防水层应满足一级防水等级设防要求，且必须至少设置一道具有耐根穿刺性能的防水材料。耐根穿刺防水材料应满足《种植屋面用耐根穿刺防水卷材》JC/T 1075 标准要求；耐根穿刺防水材料应提供包含耐根穿刺性能和防水性能的全项检测报告。

当屋面设计所用保温层材料兼作找坡层、屋面设计为正置式屋面时，应在结构层与保温层之间设置隔气层。因正置式屋面防水层设置于保温层之上，为隔绝室内湿气通过结构层进入保温层的构造层，使保温层起拱，故在结构层上保温层下设置一道很弱的防水层作为隔气层。隔气层不是防水层，与防水设防无关联，隔气层的作用仅是防潮和隔气，隔气层应选用气密性、水密性好的材料。

屋面类型为卷材屋面的，其防水层及保温层下面应设置找平层。在工程施工过程中常发现屋面基本构造层次漏设现象，尤其是防水层和保温层下面未设置找平层现象严重，为保证屋面防水层和保温层施工质量，相关设计人员应按《屋面工程技术规范》GB 50345 的要求进行基本构造层次设计，不得漏设。

在刚性保护层与卷材、涂膜防水层之间应设置隔离层。由于保护层与防水层之间的黏结力和机械咬合力，当刚性保护层膨胀变形时，会对防水层造成损坏，故在保护层与防水层之间铺设一道如塑料膜、土工布、卷材、低强度等级砂浆作为找平和隔离用的隔离层，同时可防止保护层施工时对防水层的损坏。

找坡层及保温层选用松散材料、吸水率大于 10% 的块体材料及材料干燥有困难时，应在找坡层及保温层内设置排汽道；设计应明确排汽道平面布置图、构造节点大样图等。在找坡层及保温层施工过程中不可避免存在施工用水，找坡层及保温层封闭后，游离水分子不易散发，而保温层含水率过高，不但会降低其保温性能，而且在水分汽化时会使卷材防水层产生鼓泡，导致局部渗漏。因此，为了排除找坡层和保温层内的游离水，故设置构造简单的排汽道及排气孔与大气连通，使水汽有排走的出路。为避免屋面工程在施工中的随意性，方便施工单位"照图施工"、监理单位"按图检查"，要求设计单位应明确排汽道平面布置图、构造节点大样图等。

对容易发生较大变形或容易遭到较大破坏和老化的部位，如女儿墙和山墙、水落口、变形缝、伸出屋面管道、屋面出入口、屋面冒厅、设施基座等部位，均应增设附加层，以增强防水层局部抵抗破坏和老化的能力。附加层可选用与防水层相容的卷材或涂膜。

屋面坡度大于 3% 时，设计应考虑在屋面及檐口处的结构层上预埋铁件、设置防滑条等措施，防止防水层、保温层、保护层下滑，预埋件固定点应采用密封材料密封。当板状保温材料采用干铺法施工时，应有相应的抗浮措施。

2.4.2　找坡层空鼓、排水不畅、积水

屋面工程施工前应对屋面结构板洞口、基层缺陷等进行处理，经检查验收合格后，方可进行屋面分部工程施工。

为了将屋面上的雨水迅速排走，以减少屋面渗水的机会，正确的排水坡度很重要。找坡层的基层应平整、干燥和干净。混凝土结构层宜采用结构找坡，坡度不应小于3%。当用材料找坡时，为了减轻屋面荷载和施工方便，可采用质量轻、吸水率低和有一定强度的材料。找坡材料的吸水率宜小于 20%，过大的吸水率不利于保温及防水。找坡层应具有一定的承载力，保证在施工及使用荷载的作用下不产生过大变形。找坡层不宜雨期施工，确因特殊原因需施工时，施工过程中应有防雨措施。

2.4.3　找平层起砂、开裂

屋面找平层主要是采用水泥砂浆、细石混凝土两种。找平层用水泥砂浆宜采用预拌砂浆。预拌砂浆的生产工艺先进，可以最大限度地避免传统砂浆现场配比计量不准确等原因造成的开裂、渗漏等质量问题。

由于找平层的自身干缩和温度变化，保温层上的找平层容易变形和开裂，直接影响卷材或涂膜的施工质量，故保温层上的找平层应留设分格缝，使裂缝集中到分格缝中，减少找平层大面积开裂。分格缝的缝宽宜为 5~20mm，当采用后切割可小些，采用预留时可适当大些，缝内可以不嵌填密封材料。

防水层的基层与突出屋面结构的交接处和基层的转角处，是防水层应力集中的部位，找平层应做成圆弧形，且应整齐平顺。

2.4.4　保温层含水率高、积水、起拱、开裂

铺设保温层的基层应平整、干燥和干净。宜选用质量轻、吸水率低、有一定强度的

材料。材料进场、堆码、施工应有有效的防雨、防潮、防火措施。

当采用保温板材时，坡度不大于3%的不上人屋面可采取干铺法，上人屋面宜采用黏结法，坡度大于3%的屋面应采用黏结法。保温板材施工应自屋盖的檐口向上铺贴，并应采取固定防滑措施。

采用干铺法施工板状材料保温层，就是将板状保温材料直接铺设在基层上，而不需要黏结，但是必须要将板材铺平、垫稳，以便为铺抹找平层提供平整的表面，确保找平层厚度均匀。采用粘贴法铺设板状材料保温层，就是用胶粘剂将板状保温材料粘贴在基层上。要注意所用的胶粘剂必须与板材的材性相容，以避免黏结不牢或发生腐蚀。板状材料保温层铺设完成后，在胶粘剂固化前不得上人走动，以免影响黏结效果。

纤维类保温材料铺设时应有防压缩、防雨措施。当屋顶与外墙交界处、屋顶开口部位四周选用吸水率大于10%的如岩棉板、泡沫玻璃等纤维类保温材料作水平防火隔离带时，应对保温板材表面加设防水保护膜。对于纤维材料在长期荷载作用下的压缩蠕变，可采取防止压缩的措施以减少因厚度沉陷而导致的热阻下降。岩棉板、泡沫玻璃等无机纤维类保温材料易吸水，吸水封闭后不易散发，故在施工过程中应对该类保温板材表面加设防水保护膜。

保温层在施工过程中应有防雨措施，如遇不可预计因素导致保温材料吸水时，应待其水分充分蒸发后，方可进入下道工序施工。

2.4.5 防水层黏结不牢、开裂、渗漏

防水的基层应坚实、干净、平整，无孔隙、起砂和裂缝。基层的干燥程度应根据所选用的防水材料特性确定，当采用溶剂型、热熔型和反应固化型防水材料时，基层应干燥。自粘法铺贴卷材时应将自粘胶底面的隔离纸完全撕净。自粘卷材采用干铺法施工时，基层表面应平整、干燥、干净；采用湿铺法施工时，基层表面不得有明水，如有积水部位，则需进行排水后方可施工。

在施工过程中，防水涂料的涂膜厚度不满足设计的要求现象较普遍，为杜绝偷工减料，要求施工单位应在屋面工程涂膜防水施工前，编制专项施工方案，计算该工程所需的涂膜工程量，明确防水涂膜涂刷遍数。专项施工方案及进场材料应经监理单位或建设单位审查确认后方可进行施工。

采用多组分涂料时，由于各组分的配料计量不准和搅拌不均匀，将会影响混合料的充分化学反应，造成涂料性能指标下降。一般配成的涂料固化时间比较短，应按照一次涂布用量确定配料的多少，在固化前用完；已固化的涂料不能和未固化的涂料混合使用，否则将会降低防水涂膜的质量。

女儿墙和山墙、水落口、变形缝、伸出屋面管道、屋面出入口、屋面的冒厅、设施基座等部位，是屋面工程中容易出现渗漏的薄弱环节。工程实践表明，70%的屋面渗漏是由于细部构造的防水处理不当引起的，所以对这些部位均应进行防水增强处理，并做重点质量检查验收，然后再进行大面积施工。

在屋面与墙的连接处，隔气层应沿墙面向上连续铺设，高出保温层上表面不得小于150mm。隔气层采用卷材时宜空铺，卷材搭接缝应满粘，其搭接宽度不应小于80mm；

采用涂膜做隔气层时，涂料涂刷应均匀，涂层不得有堆积、起泡和露底现象。

卷材防水层应粘贴严密，对于屋面上预计可能产生基层开裂的部位，如板端缝、分格缝、构件交接处、构件断面变化处等部位，宜采用空铺、点粘、条粘或机械固定等施工方法；在坡度较大和垂直面上粘贴防水卷材时，宜采用机械固定和对固定点进行密封的方法。

防水涂膜在满足厚度要求的前提下，涂刷的遍数越多对成膜的密实度越好。因此涂料施工时应采用多遍涂布，不论是厚质涂料还是薄质涂料均不得一次成膜。每遍涂刷应均匀，不得有露底、漏涂和堆积现象；多遍涂刷时，应待前遍涂层表干后，方可涂刷后一遍涂料，两涂层施工间隔时间不宜过长，否则易形成分层现象。屋面转角及立面的涂膜应薄涂多遍，不得流淌和堆积；屋面转角及立面的涂膜若一次涂成，极易产生下滑并出现流淌和堆积现象，造成涂膜厚薄不均，影响防水质量。

屋面防水层施工完成后，应进行观感质量检查和雨后持续淋水、蓄水、排水试验，不得有渗漏和积水现象。检验屋面有无渗漏和积水、排水系统是否通畅，可在雨后或持续淋水 2h 以后进行。有可能做蓄水试验的屋面，其蓄水时间不应少于 24h。

2.4.6　出屋面管道、烟道、机电管井根部、屋面冒厅等部位渗漏

出屋面管道、烟道、机电管井根部、屋面冒厅等部位，是屋面工程中容易出现渗漏的薄弱环节。工程实践表明，屋面渗漏中 70% 是由于细部构造的防水处理不当引起的，说明细部构造设防较难，是屋面工程设计的重点，应有明确的防水节点大样图。

出屋面烟道、风道应采用现浇混凝土结构，并宜与主体结构同时浇筑，混凝土结构高度高于屋面最终完成面最高点 250mm，壁厚同上部墙体厚度，配筋详设计。出屋面烟道、风道、出屋面冒厅的填充墙常为砖砌体砌筑，为防止其根部渗漏，防潮，采用与屋面板同时浇筑，并注意反坎高度高于屋面最终完成面最高点 250mm。

屋面预留预埋洞口的传统做法常采用二次灌浆补洞，但施工过程中受操作人员影响较大，且新旧混凝土结合不密实，该部位成为屋面工程最容易出现渗漏的薄弱点。因此，预留预埋洞口不应采用二次灌浆补洞法，应采用将套管止水环、套管（成品）止水节直接浇筑在现浇结构混凝土屋面板内的方法。

卷材施工时，阴阳角处裁剪的卷材应与根部形状相符，操作时应将卷材压实，铺贴时泛水处的卷材应采取满粘法。

伸出屋面管道周围的找平层（保护层）应做圆锥台，管道与找平层（保护层）间应留 20mm×20mm 凹槽，并嵌填密封材料，防水卷材层收头处用金属箍箍紧，并用密封材料封严。

2.4.7　水落口渗漏

水落口埋设标高应在屋面汇水面最低点，水落口应在屋面板或女儿墙浇筑时一并埋入混凝土内。

防水层贴入水落口杯内不应小于 50mm，屋面水落口周围 500mm 范围内坡度不应小于 5%，并应先用防水涂料或密封材料涂封，其厚度为 2~5mm。水落口杯与基层接触

处应留宽 20mm、深 20mm 的凹槽，以便嵌填密封材料。

对于有高低跨的屋面，当高跨屋面的雨水流到低跨屋面上后，会对低跨屋面造成冲刷，容易使低跨屋面的防水层破坏。所以在低跨屋面上受高跨屋面排下的雨水直接冲刷的部位，应加铺一层防水卷材，并设保护层。

2.4.8　女儿墙渗漏

女儿墙是屋面工程中容易出现渗漏的薄弱环节。女儿墙应采用现浇钢筋混凝土，宜与屋面结构板一次浇筑，施工缝位置不应低于屋面完成面最高点 100mm；女儿墙与屋面相交处宜做成八字脚。

女儿墙泛水施工完毕后，宜在泛水外侧砌筑 60mm 厚保护墙，保护墙上端应做成45°斜面，不可形成可踏面，保护墙外侧抹水泥砂浆。

2.4.9　变形缝渗漏

传统变形缝的做法是用镀锌铁皮、钢板或铝板现场加工制作，构造简单粗糙，不美观且寿命短。所以，设计时宜选用成品变形缝。屋面变形缝部位的反坎应采用现浇钢筋混凝土，并与屋面结构同时浇筑。

高变形缝顶部混凝土盖板的接缝应用密封材料封严；金属盖板应铺钉牢固，搭接缝应顺流水方向；不等高变形缝在高跨墙面上的防水卷材封盖和金属盖板，应用金属压条钉压固定，并应用密封材料封严。

屋面水平变形缝盖板上应加设过人钢梯、踏步、半圆拱通道等，加设的通道底部应增加防水附加层及弹性过渡层。

2.5　给水排水工程

2.5.1　管道及附件安装

1. 管道、管件及附件等本身材质问题引起的渗漏应采取下列防治措施：

（1）设计应明确给水系统的系统工作压力。在塑料管道系统试压的过程中，各项实验的工艺参数由施工现场随意确定，竣工交付后经常有渗漏的投诉。而验收规范中试压标准是根据工作压力来确定的。为此，强调在设计文件上应明确管道系统的工作压力，对于给水管道系统的实验压力、排水管道系统的灌水、盛水和给排水管道系统通水实验等各项实验的工艺参数、试压方法和合格条件，应在设计方案中明确。

（2）给水系统的管材、部件选用，设计应注明其温度特性参数、连接方式及规格。

（3）建筑给水所使用的主要材料、成品、半成品、配件、器具和设备应具有质量合格证明文件，规格、型号及性能检测报告应符合国家技术标准或设计要求。生活给水的水质是关系人们饮水安全的大事，除了管材和管件应符合饮用卫生指标外，管道和管件连接时，填充料或胶黏剂同样也要达到饮用卫生标准。许多厂家提供的符合卫生许可的批件时间久远，有的已超过了批件的有效期；有些厂家产品质量不稳定，导致供应的产品虽有批件但实际产品质量不佳或不合格。因此，还要求提供省级以上卫生防疫检验部门出具的近两年的卫生检验合格报告。

（4）管材、管件进场后，应按照产品标准的要求进行现场检查、验收，并经监理工程师核查确认；生活给水管材应见证取样，委托有资质的检测单位检测，合格后方可使用。由于目前市场上工程塑料管材、管件质量参差不齐的实际情况，要求监理、业主、施工人员在管材、管件进场时不仅共同对其外观、管径、壁厚、配合公差进行检查，而且要现场见证取样后，送有资质的检测机构复检。为防止室外雨水管与室内排水管混用，规定了雨水管与室内排水管应区别检查验收。

（5）阀门进场后应对其强度和严密性现场抽检；安装在主管上起切断作用的控制阀门，应逐个进行强度和严密性检验。由于市场上控制阀门的质量水平差异较大，或施工现场把关不严，导致控制阀门渗漏现象时有发生，应加大抽检和复检力度。

2. 管道熔接连接问题引起的渗漏应采取下列防治措施：

（1）根据管材的特点，选用的机具、工艺参数（熔接温度、熔接时间）、施工方法及施工环境条件应满足该类管道工艺特性的要求。

管径大于等于 $DN65$ 时，宜使用功率大于 1500W 的热熔机；管径小于等于 $DN50$ 时，宜使用功率小于 800W 的热熔机。

（2）切割管材后断面应去除毛边和毛刺，管材与管件连接端应清洁、干燥无油。

（3）热熔及连接深度、加热时间、冷却时间、插入深度、加热温度符合表 2-4 的要求或热熔工具生产厂家的规定。

表 2-4 热熔连接技术要求

公称外径（mm）	热熔深度（mm）	加热时间（s）	加工时间（s）	冷却时间（s）
20	14	5	4	3
25	16	7	4	3
32	20	8	4	4
40	21	12	6	4
50	22	18	6	5
63	24	24	6	6
75	26	30	10	8
90	32	40	10	8
110	38.5	50	15	10

3. 管道螺纹连接问题引起的渗漏应采取下列防治措施：

（1）使用有金属螺纹的管件前，在螺纹处使用填料应均匀、密实。

（2）螺纹连接时，应在管端螺纹外面敷上填料，用手拧入 2 至 3 扣，再用管钳一次装紧，不得倒回，装紧后应留有螺尾。

4. 管道焊接连接问题引起的渗漏须采取下列防治措施：

（1）在焊接前要注意坡口两侧即焊层之间的清理，并选择正确的对口形式，焊管厚度大于 3mm 采用 V 形坡口，间隙为 2～3mm；焊管厚度小于 3mm，采用对接不开坡口，间隙为 1～2mm。

（2）严格按照规范操作，焊接过程中不能突然熄弧，避免大电流、薄焊肉的焊接方法。

（3）在焊接薄壁管时宜选择较小的中性火焰或较小的电流，避免出现烧穿和结瘤。

5. 管道粘接连接问题引起的渗漏应采取下列防治措施：

（1）管道安装前，用干净的布清洁管材表面及承插口内壁，选用浓度适宜的黏合剂，使用前搅拌均匀。

（2）管道承插口及管件连接处要处理密实，涂刷黏合剂时要动作迅速、涂抹均匀。

（3）涂抹黏合剂后，立即将管子旋转推入管件，旋转角度不大于 90°，要避免中断，一直推到底，根据管材规格的大小，轴向推力保持时间应满足表 2-5 的规定。

表 2-5　粘接插入时保持时间表

管径（mm）	63 以下	63～160	160～400
保持时间（s）	30	60	90

（4）使用的黏合剂应用与管件相匹配的产品。

6. 管道卡箍连接问题引起的渗漏应采取下列防治措施：

（1）安装前应检查橡胶密封圈、卡箍是否匹配。

（2）两个卡箍之间应设置支架，支架和管件的最大距离宜为 300mm；操作人员在拧紧紧固螺栓时，应交替分次拧紧紧固螺栓，使得卡箍受力均匀。

（3）管道应按顺序安装，不得跳装。

7. 管道法兰连接问题引起的渗漏应采取下列防治措施：

（1）安装前应检查法兰压力等级应符合设计要求，并与阀门压力等级相匹配，不得降档。

（2）法兰可选用成品，要求法兰螺栓孔光滑、等距，法兰接触面平整，保证密闭性，止水沟线几何尺寸准确。

（3）采用成品平焊法兰时，应使管与法兰端面垂直，插入法兰的管子端部距法兰封面应为管壁厚度的 1.3～1.5 倍。

（4）镀锌钢管与法兰的焊接处应进行二次防腐；室内直埋金属给水管道应做防腐处理。

8. 阀门安装引起的管道渗漏应采取下列防治措施：

（1）应按设计要求选择阀门的规格和型号。

（2）阀门体型较大、质量较大或者管道无法承受阀门质量的地方，应在阀门处单独设置支架，用于支撑阀门；塑料给水管道上的水表、阀门等设施质量或启闭装置扭矩不得作用于管道上，当管径大于等于 50mm 时应设独立的支承装置。

（3）阀门应按照介质流向安装，不得装反；对夹蝶阀阀门的两侧应增设法兰短管。

（4）阀门手轮不得朝下；落地阀门手轮朝上，不得倾斜；暗装阀门不但要设置满足阀门开闭需要的检查门，同时阀杆应朝向检查门。

（5）安装法兰阀门时，法兰间的端面要平行，不得使用双垫，紧螺栓时也要对称进行，用力要均匀。

9. 给水排水管道的噪声应采取下列防治措施：

（1）排水立管应选择芯层发泡 UPVC 管道和 UPVC 螺旋管等静音排水管；支架、接口尽可能采用柔性减震连接；排水立管不应设置在卧室内，且不宜设置在靠近与卧室相邻的内墙；当应靠近与卧室相邻的内墙时，应采用低噪声管材。

（2）给水管道的压力应调整在设计范围之内。

10. 管道敷设问题引起的渗漏应采取下列防治措施：

（1）室内给水系统管道宜采用明敷方式，不得在混凝土结构层内敷设。

（2）管道暗敷设时，管道固定应牢固，楼地面应有防裂措施，墙体管道保护层宜采用不小于墙体强度的材料填补密实，管道保护层厚度不得小于 15mm，在墙表面或地表面上应标明暗管的位置和走向。

（3）管道在穿过结构伸缩缝、抗震缝及沉降缝时，管道系统应采取柔性连接；管道的外壳上、下部均应留有不小于 150mm 可位移的净空；在位移方向按照设计要求设置水平补偿装置。

（4）水平和垂直敷设的塑料排水管道伸缩节的设置位置、型式和数量应符合相关规范及设计的要求；顶层塑料排水立管应安装伸缩节，管道出屋面处应设固定支架；塑料排水管伸缩节预留间隙可控制为 10 ~ 15mm。

（5）隐蔽或埋地的排水管道在隐蔽前应做灌水试验，其灌水高度应不低于底层卫生器具的上边缘或底层地面高度。隐蔽或埋地管道系统施工时，应严格按操作规程进行，要防止野蛮施工对埋地管道系统使用耐久性的影响。

2.5.2　管根等部位处理

管根等部位的渗漏应采取下列防治措施：

（1）当给水、排水管道穿过楼板（墙）、地下室等有严格防水要求的部位时，其防水套管和止水环的材质、形式及所用填充材料应在设计和施工方案中明确。给、排水管道穿过楼板（墙）、地下室等有严格防水要求的部位时，应按相应部位的防水要求，选定套管及封堵材质，以及套管的外露高度的要求。来保证原有使用功能不被破坏。

（2）安装在楼板内的套管顶部应高出装饰地面 20mm，卫生间或潮湿场所的套管顶部应高出装饰地面 50mm，套管与管道间环缝间隙宜控制在 10 ~ 15mm 之间，套管与管道之间缝隙应采用阻燃和防水柔性材料封堵密实。在预埋预留过程中应核对好图纸，认真统计数量，找准现场结构标高的标识点和轴线，每次预埋完毕后认真进行检查，核对数量、平面位置和标高。在二次结构过程中及时配合土建单位做好预埋预留工作；过楼板的套管顶部高出楼板完成面不少于 20mm，卫生间、厨房等容易积水的场所应高出建筑楼板完成面 50mm。

（3）预留洞口规格宜与管道套管（有套管）或管道（止水环）外壁间距大于 50mm，禁止水钻钻孔后直接安装管道灌缝；管洞灌缝宜分两次成型；管道灌缝的混凝土宜掺微膨胀剂。对管洞应凿打成上大下小的喇叭口，确保混凝土的黏结质量。

（4）管道根部周边应设置不小于 300mm 宽的防水加强层。

2.5.3 管道支、吊、托架安装

1. 支架类型选择不合理应采取下列防治措施：

（1）在管道不允许有位移的部位，应设置固定支架。

（2）在管道无垂直位移或垂直移动很小的地方，可装设活动支架或刚性支架；对摩擦产生的作用力无严格限制时，可采用滑动支架；当要求减少管道轴向作用力时应用滚动支架。

（3）在水平管道上，只允许在管道单向水平位移的部位或在铸铁阀件两侧适当距离部位，装设导向支架；在管道具有垂直位移的部位，应装设弹簧吊架。

管道支架的选用：根据管道种类以及安装位置的不同选择不同的支架、吊架。

2. 支、吊、托架安装不合理应采取下列防治措施：

（1）支架安装前，应根据施工图纸进行合理的深化，对各管道进行合理的布置和进行精确定位，并对支架进行放样加工。

（2）在支吊架制作时应按放样的尺寸进行准确下料，并根据管道规格及定位尺寸计算的支架孔洞数量、规格和位置尺寸，在下料的支架上进行准确定位标识。

（3）根据定位好的开孔标识采用钻孔机械如台钻、电磁钻等进行机械开孔，开孔后清除支架孔洞内的铁屑和毛刺等。

（4）固定管道支架的膨胀螺栓应选择合格的产品，必要时应抽样进行试验检查；安装膨胀螺栓的孔径不应大于膨胀螺栓外径 2mm，膨胀螺栓应用于混凝土结构上。

（5）固定支架与管道接触应紧密，固定应牢靠。

（6）滑动支架应灵活，滑托与滑槽两侧间应留有 3~5mm 的间隙，纵向移动量应符合设计要求。

（7）无热伸长管道的吊架、吊杆应垂直安装；有热伸长管道的吊架、吊杆应向热膨胀的反方向偏移。

（8）固定在建筑结构上的管道支、吊架不得影响结构的安全。

3. 支、吊、托架锈蚀应采取下列防治措施：

（1）室外金属支吊架应采用热镀锌材料及设计认可的有效防腐措施。说明：因为施工时破坏了原有的防腐体系，完工后应进行处理，以确保今后使用的耐久性。

（2）室内明装钢支吊架应除锈防腐。

2.5.4 消防设施安装

1. 防火套管、阻火圈安装问题应采取下列防治措施：

（1）阻火圈本体应标有规格、型号、耐火等级和品牌，合格证和现场抽检记录应齐全有效。尽管防火套管和阻火圈的设置已广泛采用，但其部件及产品质量差异较大，相应的质量保证资料又不齐全，因此应加强现场的进场检验。

（2）防火套管的规格、型号应符合设计要求，套管内的填塞和封堵应符合图集的要求。

2. 消火栓及箱体安装问题应采取下列防治措施：

（1）消火栓箱体的材质、尺寸应符合设计要求。

（2）安装前，复核设计位置应满足箱门的开启角度、使用净空宽度；消火栓箱门开启角度不应小于120°。说明：施工中，经常发现消火栓箱位置与结构有冲突，或影响使用功能等现象的发生；施工时随意移动消火栓箱位置，导致消火栓试射覆盖不足，满足不了消防验收的要求。因此，确需移动，应由设计及消防部门明确加强措施，以便满足今后验收的要求。

（3）消火栓支管要以栓阀的位置定位甩口，核定后再固定消火栓箱；箱体找正固定后再安装栓阀，栓阀应装在箱门开启侧。

（4）消火栓箱体安装在轻质隔墙上应有加固措施。

（5）箱式消火栓的栓口应朝外，确保接驳顺利；栓口中心距地面为1.1m，允许偏差 ±20mm；阀门中心距箱侧面为140mm，距箱后内表面为100mm，允许偏差 ±5mm。

（6）管道井或穿墙洞应按消防规范的规定进行封堵。

（7）消火栓管道安装完成后，应按设计指定压力进行水压试验。如设计无要求，工作压力宜在1.0MPa以下，试验压力为1.4MPa；工作压力为1MPa以上，试验压力为工作压力加0.4MPa，稳压30min，无渗漏为合格。水压试验可分段进行。

2.5.5　卫生器具安装

卫生器具及配件安装问题应采取下列防治措施：

（1）卫生器具与相关配件应匹配。安装时，应采用预埋螺栓或膨胀螺栓固定，同时应确保支承牢固；陶瓷器具与紧固件之间应设置弹性隔离垫；卫生器具在轻质隔墙上固定时，应预先设置固定件并标明位置。选用节水型卫生器具，应与其相关的匹配配件一致，才能发挥整体功能效果；在轻质墙体上安装卫生器具时，应保证连接件能与墙体、卫生器具之间紧固连接，同时不能损伤卫生器具。

（2）卫生器具安装接口填充料应选用可拆性防水材料，安装结束后，应做盛水和通水试验。卫生器具安装完毕后，应进行必要的通水及盛水试验，以确保满足使用要求；同时应避免卫生器具与管道接口处产生堵塞和渗漏，防止卫生器具及五金件不匹配产生卫生器具漏水或影响使用寿命，保证卫生器具的密封性能和冲洗性能，同时考虑拆卸方便。

（3）带有溢流口的卫生器具安装时，排水栓溢流口应对准卫生器具的溢流口，镶接后排水栓的上端面应低于卫生器具的底部。主要考虑卫生器具的溢水能有效排除。

（4）排水管道地面甩口的承口内径和蹲便器排污口外径尺寸应相匹配，保证蹲便器排污口插入深度不小于5mm，并应用油灰或1:5熟石灰和水泥的混合灰填实抹平。

（5）蹲便器冲洗管进水处绑扎胶皮碗时应首先检查胶皮碗和蹲便器进水处完好状况，胶皮碗应使用专用套箍紧固或使用14号铜丝两道错开绑扎拧紧，蹲便器冲洗管插入胶皮碗的角度应合适。

（6）连接卫生器具的管道地面甩口，应在地面防水施工前检查和修改完毕，确保不影响地面防水层的质量。防水层施工完毕后不得进行扰防水层的施工，如连接卫生器具的管道地面甩口等。

2.5.6　排水系统水封

排水系统水封破坏、排水不畅应采取下列防治措施：

（1）室内的排水系统，应注明水封的位置和类型，且不能设置双水封。要求设计图纸对每一个受水口注明水封措施。

（2）屋顶水箱溢流管和泄水管应设置空气隔断和防止污染的措施，并不得与排水管及雨水管相连。屋顶水箱溢流管和泄水管与排水立管的通气管、雨水立管相连时，会造成水封破坏，同时会污染水箱内的饮用水。

（3）地漏和管道 S 弯、P 弯等起水封作用的管道配件，应满足相关产品标准要求。

（4）排水管道应确保系统受水口的水封高度满足相关规范的要求，有水封要求的地漏和存水弯其有效水封高度不小于 50mm。排水系统的各受水口在不能满足排水口水封高度时，应设置管道水封来保证排水管道系统的封闭；禁止在一个排水点出现双水封，因为双水封容易引起排水不畅。

（5）排水通气管不得与风道或烟道连接，严禁封闭透气口，出屋面排水通气管应有效固定及保护。目的是保证排水沟通畅，防止出屋面排水通气管因无固定支承而折断，影响今后的使用。

（6）地漏安装应平整、牢固，低于使用排水地面 5～10mm，地漏周边地面应以 1%的坡度坡向地漏，且地漏周边应防水严密，不得渗漏。地漏安装应保证标高，排水坡向正确。

（7）底层排水管应与其他层排水管分开设置；底层排水器具横支管中心至主管转折处的横向管底垂直距离应满足设计要求。

（8）水平干管应适当放大设计管径和坡度；排水立管与水平干管的连接，应采用两个 45°或弯曲半径不小于 4 倍管径的 90°弯头接转。

2.6　建筑电气工程

2.6.1　电气产品

1. 电气产品应包括下列资料：

（1）主要设备、材料、成品和半成品应进场验收合格，并应做好验收记录和验收资料归档；当设计有技术参数要求时，应核对其技术参数，并应符合设计要求。主要设备、材料、成品和半成品进场验收工作是施工管理的停止点，其工作过程、检验结论要有书面证据，所以要有记录。验收工作应有施工单位、监理单位或供货商参加，施工单位报验，监理单位确认。对设计提供有技术参数的设备、材料、成品和半成品，往往涉及工程使用安全或影响使用功能，因此在进场验收时应核对其参数，并应符合设计要求。

（2）实行生产许可证和强制性认证（CCC 认证）的产品，应有许可证编号或 CCC

认证标志，并应抽查生产许可证或 CCC 认证书的认证范围、有效性及真实性。我国对建筑电气工程使用的设备、器具、材料制造商，除实施工业产品生产许可制度外，有些是实施强制性产品认证制度的。根据《关于明确强制性产品认证制度和工业产品生产许可证制度管理范围有关问题的通知》（国质检认联〔2003〕46 号）精神，对实施强制性产品认证的产品和实施工业产品生产许可证制度的产品原则上不再交叉，在对施工现场建筑电气工程使用的设备、器具、材料进行进场验收时，应分别抽查相应认证证书的认证范围、有效性和真实性，但不论经过哪一种产品认证，产品上均会有认证标志。经产品生产许可的有许可证编号，经 CCC 认证的产品有 CCC 认证标志、编号或条形码。CCC 认证的产品是动态的，且随着产品更新换代，制作标准修订变化也大，因而一方面要广收资料、掌握信息、密切注意变化，另一方面也有必要对制造厂提供的 CCC 认证标志实施验证，可通过中国国家认证认可监督管理委员会网站或中国质量认证中心网站对其提供的 CCC 认证证书编号、条形码及认证范围进行验证。

（3）进口电气设备、器具和材料进场验收时应提供质量合格证明文件，性能检测报告以及安装、使用、维修、试验要求和说明等技术文件；对有商检规定要求的进口电气设备，尚应提供商检证明。我国加入世贸组织以来，进口的电气设备、器具、材料日益增多，按国际惯例应进行商检，对于是否需要提供中文的技术文件是由供货单位或合同约定方在合同中做出约定。

2. 低压配电系统选择的电缆、电线截面不得低于设计值，进场时应对截面面积、绝缘层厚度和每芯导体电阻值进行见证取样送检。工程中使用伪劣电线电缆会引起发热，造成极大的安全隐患，同时增加线路损耗。为加强对建筑电气中使用的电线和电缆的质量控制，工程中使用的电线和电缆进出时均应进行抽样送检。相同材料、截面导体和相同芯数为同规格。

2.6.2　高低压配电设备安装

1. 高低压设备应符合下列要求：

（1）高低压配电柜内标识清晰，PE 排、N 排、每一回路标识牌准确，电缆排列整齐、封堵到位。说明：标识齐全、准确是为了方便维修，防止误操作而发生人身触电事故。

（2）配电箱（柜）的进线导管孔应为压制孔，必须开孔时应采用专用的开孔器进行开孔，严禁用电焊或气焊对箱体进行开孔。

2. 高低压附件应符合下列要求：

（1）高低压配电室应采用钢质甲级防火门，金属门及门框接地牢靠。

（2）高低压配电室的挡鼠板应高于 600mm。

（3）电缆沟内干燥、整洁；支架制作规范；电缆排放整齐；标识齐全；沟盖板安装平稳、橡胶板铺设到位。

（4）接地母线敷设平直、高度正确、搭接规范、焊缝饱满、固定牢靠、接地可靠、条纹标识清晰。

（5）高低压配电设备及裸母线上方不得安装灯具。说明：为确保设备上方灯具维修时的人身安全，同时也不因维修时意外触及裸母线而使正常供电中断，故做出此规定。

2.6.3 电气导管敷设

1. 电气导管管材应符合下列要求：

（1）埋设在墙内或混凝土内的绝缘塑料导管应选用中型及以上的导管。

（2）室外埋地敷设的电缆钢导管，壁厚应大于2mm。薄壁的钢导管直埋于土壤内很易腐蚀，使用寿命不长，限制使用。

2. 电气导管敷设应符合下列要求：

（1）混凝土楼板内导管应敷设在上下两层钢筋之间。导管敷设在混凝土楼板内双层钢筋之间是为了保证导管的保护层厚度不低于15mm。

（2）严禁在混凝土楼板中敷设管径大于板厚1/3的导管，对管径大于40mm的导管在混凝土楼板中敷设时应有加强措施，严禁管径大于20mm的导管在找平层中敷设。

（3）混凝土楼板内导管敷设要按照图纸做好布置，避免出现局部区域三管重叠敷设；三管交叉处，交叉间距不得低于300mm；并排敷设的导管间距不得低于20mm。

（4）当绝缘导管在砌体上剔槽埋设时保护层厚度应大于15mm。

（5）导管穿梁及露出楼板至墙体的位置，敷设前应核对建筑图中墙体与梁的关系，避免导管预埋偏位而偏出砌体；穿出地面和楼板处应有保护措施。住宅的厨房、卫生间部分墙体为100mm墙体，而梁宽200mm，为避免预留预埋的导管裸露在墙体外面，在施工前应核对100mm墙体在200mm宽梁的位置。

（6）室外与设备连接的导管应采用防水弯头或鸭嘴弯头，且采用防水金属软管连接。室外与设备连接的导管是为避免雨水流进导管内而产生安全隐患。

（7）导管敷设过长应按规范加装接线盒，经过伸缩缝处应有补偿措施。

（8）柔性导管的长度在动力工程中不宜大于0.8m，在照明工程中不宜大于1.2m；柔性导管连接应采用专用接头。在建筑电气工程中，不能将柔性导管用作线路的敷设，仅在刚性导管不能准确配入电气设备器具时做过渡导管用，所以要限制其长度，且动力工程和照明工程所用的场合不同，规定的允许长度也有所不同。

（9）金属导管口应平滑，无毛刺。

3. 电气导管连接应符合下列要求：

（1）钢导管不得采用对口熔焊连接；镀锌钢导管或壁厚小于等于2mm的钢导管，不得采用套管熔焊连接。熔焊会产生烧穿或内部结瘤，使导管穿线缆时损坏绝缘层，埋入混凝土中会渗入浆水导致导管堵塞。

（2）导管进入箱、盒应加装锁母和护口。

2.6.4 电气线路连接

1. 电气线路敷设应符合下列要求：

（1）导线颜色应严格按照规范和设计要求，即A相导线为黄色，B相为绿色，C相为红色，保护接地线（即PE线）为黄绿相间色，零线为淡蓝色。电线保护层的颜色不同是为区别其功能不同而设定的,对识别和方便维护、检修均有利。PE 线的颜色是全世界统一的,其他颜色还未一致起来。

(2)保护接地导体(PE)在插座之间不得串联连接。

2. 电气线路连接应符合下列要求:

(1)电线电缆敷设后,应对电线电缆绝缘检测,照明线路的绝缘电阻不小于 0.5MΩ,动力线路的绝缘电阻不小于 1MΩ,1kV 及以下电缆的绝缘电阻不小于 100MΩ。配电线路必须做绝缘电阻测试也是常规要求,其测试必须在线路敷设完毕,导线做好连接端子后,再做绝缘电阻测试,合格后方能通电运行。

(2)导线与设备或器具的连接应符合下列规定:要求多芯导线与设备端子连接前通过接线端子连接,是为了连接更可靠、安全。

① 截面积在 10mm² 及以下的单股铜芯线和单股铝/铝合金芯线可直接与设备或器具的端子连接;

② 截面积在 2.5mm² 及以下的多芯铜芯线应接续端子或拧紧搪锡后再与设备或器具的端子连接;

③ 截面积大于 2.5mm² 的多股铜芯线,除设备自带插接式端子外,应接续端子后与设备或器具的端子连接;多芯铜芯线与插接式端子连接前,端部应拧紧搪锡;

④ 多芯铝芯线应接续端子后与设备、器具的端子连接,多芯铝芯线接续端子前应去除氧化层并涂抗氧化剂,连接完成后应清洁干净;

⑤ 每个设备或器具的端子接线不多于 2 根导线或 2 个导线端子。

(3)导线间的连接应符合下列规定:考虑到导线连接时存在蠕变和机械强度问题,且在故障情况下存在温升,所以对绝缘导线的连接提出了要求,且由于国内已有符合标准的连接器可供选择。考虑国内施工工艺长期以来允许采用搪锡工艺,因而继续允许导线采用缠绕搪锡连接。

① 截面积 6mm² 及以下铜芯导线间的连接应采用导线连接器或缠绕搪锡连接;

② 导线采用缠绕搪锡连接时,连接头缠绕搪锡后应采取可靠的绝缘措施。

(4)配电箱(柜、盘)内应分别设置中性导体(N)和保护接地导体(PE)汇流排,汇流排上同一端子不应连接不同回路的 N 或 PE。

(5)电缆头制作应采用与原电缆额定电压相符的配件,且资料齐全。大规格金具、端子与小规格芯线连接,如焊接则多用焊料,不经济;如压接则不可取,压接不到位也压不紧,电阻大,运行时可能因过热而出现故障;反之,小规格金具、端子与大规格芯线连接,必然要截去部分芯线,同样不能保证连接质量,易在使用过程中引发电气故障。

2.6.5　照明灯具安装

1. 灯具安装应符合下列要求:

(1)普通灯具的 I 类灯具外露,可导电部分必须采用铜芯软导线与保护导体可靠连接,连接处应设置接地标识,铜芯软导线的截面积应与进入灯具的电源线截面积相同。I 类灯具的防触电保护不仅靠基本绝缘,而且还包括基本的附加措施,即把外露可导电部分连接到固定的保护导体上，使外露可导电部分在基本绝缘失效时，防触电保护器在规定时间内切断电源，不致发生安全事故。因此这类灯具必须与保护导体可靠连接，以防触电事故的发生，导线间的连接应采用导线连接器或缠绕搪锡连接。

（2）灯具固定应牢固可靠，在砌体和混凝土结构上严禁使用木楔、尼龙塞或塑料塞固定；质量大于10kg的灯具，固定装置及悬吊装置应按灯具质量的5倍恒定均布载荷做强度试验，且持续时间不得少于15min。由于木楔、尼龙塞或塑料塞不具有膨胀螺栓的楔形斜度，无法促使膨胀产生摩擦握裹力而达到锚定效果，所以在砌体和混凝土结构上不应用其固定灯具，以免发生由于安装不可靠或意外因素，发生灯具坠落现象而造成人身伤亡事故。

（3）灯具表面及其附件的高温部分靠近可燃物时，应采取隔热、散热等防火保护措施。

（4）当采用钢管做灯具吊杆时，其内径不应小于10mm，壁厚不应小于1.5mm。钢管吊杆与灯具和吊杆上端法兰均为螺纹连接，直径太小，壁厚太薄，均不利套丝，套丝后强度不能保证，受外力冲撞或风吹后易发生螺纹断裂现象，不利安全使用。

2. 通电试运行应符合下列要求：

（1）灯具控制回路应符合设计要求，且应与照明控制箱的回路标识一致。照明工程包括线路、开关、插座和灯具安装，施工结束后，要做通道试验，以检验施工质量和设计的预期功能，符合要求方能认定为合格。

（2）住宅照明系统通电连续试运行时间应为8h，所有照明灯具均应同时开启，且应每2h按回路记录运行参数，连续试运行时间内应无故障。

住宅建筑通电试运行要做连续负荷试验，以检查整个照明工程的发热稳定性和安全性，同时也可暴露一些灯具和光源的质量问题，以便于更换。运行参数包括运行电流、运行电压和运行温度等。

2.6.6 梯架、托盘和槽盒安装

1. 支、吊架安装应符合下列要求：

梯架、托盘和槽盒的支吊架应避开梯架、托盘和槽盒连接处，应尽量安装在梯架、托盘和槽盒中间处；三通及弯头300mm内应设置支吊架，梯架、托盘和槽盒应与支吊架固定牢靠。梯架、托盘和槽盒的支吊架应从梯架、托盘和槽盒三通、弯头处开始布置并向尾端辐射，是保证支吊架能合理均匀承受梯架、托盘和槽盒及电缆的重量。

2. 梯架、托盘和槽盒安装应符合下列要求：

（1）梯架、托盘和槽盒在转弯和分支处宜采用专用链接配件，梯架、托盘和槽盒及部件、附件外观检查应无缺陷，接头处无毛刺。梯架、托盘和槽盒在转弯和分支处宜采用专用链接配件，不排除特殊部位自制弯头。一方面是保证电流弯曲半径满足要求，避免电缆绝缘层的破坏，另一方面也能保证工程的观感质量。

（2）直线段钢制或塑料梯架、托盘和槽盒长度超过30m，铝合金或玻璃钢制梯架、托盘和槽盒长度超过15m时，应设置伸缩节；当梯架、托盘和槽盒跨越建筑物变形缝时，应设置补偿装置。直线敷设的电缆梯架、托盘和槽盒，要考虑因环境温度变化而引

起膨胀或收缩，所以要装补偿的伸缩节，以免产生过大的膨胀力或收缩力而破坏梯架、托盘和槽盒整体性。建筑物伸缩缝处的梯架、托盘和槽盒补偿装置是为了防止建筑物发生沉降等位移时损伤梯架、托盘、槽盒和电缆，以保证供电安全可靠。

（3）梯架、托盘和槽盒、管道穿越 ±0.00 以上外墙或室外井道时，必须按"内高外低"设置 2% ~ 3% 的坡度。梯架、托盘和槽盒穿越 ±0.00 以上外墙或室外井道的设置"内高外低"的坡度，主要是为将梯架、托盘和槽盒内可能的积水排至室外。

（4）梯架、托盘和槽盒的连接螺栓的平（圆）头应安装在桥架的内侧，螺母安装在梯架、托盘和槽盒的外侧。要求螺母位于梯架、托盘和槽盒外侧，主要是防止电缆或导线敷设时受损伤。

（5）梯架、托盘和槽盒内电线、电缆敷设应执行"一敷一顺一绑"的原则，避免梯架、托盘和槽盒内杂乱现象，以及电缆叠压、拧绞，并在电缆的首端、末端和分支处悬挂电缆标志牌。悬挂电缆标志牌是为了运行中巡视和方便维护检修。

2.6.7　防雷接地、等电位联结

1. 防雷接地应符合下列要求：

（1）当设计无要求时，防雷及接地装置的材料采用钢材，热浸镀锌处理。这主要针对埋地敷设和明敷安装的接地网、避雷带（网），以保证使用寿命。

（2）防雷、接地网（带）应根据设计要求的位置和数量进行施工，焊缝应饱满，搭接长度应符合相关规范的要求。

（3）避雷带敷设必须采用热镀锌金属制品，圆钢避雷带连接时宜采用"乙"字弯上下搭接、双面满焊，圆钢避雷带支架宜采用成品支架。

（4）女儿墙上避雷带宜居中敷设，当女儿墙宽大于 200mm 时，避雷带应距外侧 100mm 处敷设。女儿墙上敷设避雷带是为了将雷电引至大地，避雷带靠近外侧敷设会增加避雷带保护半径，预防侧击雷。

2. 等电位联结应符合下列要求：

（1）等电位联结端子板宜采用厚度不小于 4mm 的铜质材料，当铜质材料与钢质材料连接时应有防止电化学腐蚀措施。

（2）房屋内的等电位联结应按设计要求安装到位，设有洗浴设备的卫生间内应按设计要求设置局部等电位联结装置，保护（PE）线与本保护区内的等电位联结箱（板）连接可靠。

（3）建筑物景观照明灯具的金属构架和灯具的可接近裸露导体及金属软管接地（PE）或接零（PEN）可靠，且有标识。灯具安装在人员来往密集的场所或易被人接触的位置，因而要有严格的防灼伤和防触电的措施。当选用镀锌金属构架及镀锌金属保护管与保护导体连接时，应采用螺栓连接。

（4）柜、屏、台、箱、盘的金属框架及基础型钢应与保护导体可靠连接；对于装有电器的可开启门，门和金属框架的接地端子间应用截面积不小于 4mm^2 黄绿色绝缘铜芯软导线连接，并应有标识。设计时对保护导体的规格、是否需要重复接地、继电保护

等已作出选择和安排。施工时要保证各连接可靠，正常情况下不松动，且标识明显，确保人身、设备在通电运行中的安全。

2.6.8 防火封堵

1. 按照电气火灾防护要求，设计应按照相关规范和标准的要求，确定有效的防火封堵或分隔措施，并注明防火封堵的构成方法和方式，且应满足防火封堵处的耐火极限要求。

2. 设计的贯穿防火封堵组件在正常使用或发生火灾时，应保持本身结构的稳定性，不出现脱落、移位和开裂等现象。当防火封堵组件本身的力学稳定性不足时，应采用合适的支撑构件进行加强。支撑构件及其紧固件应具有被贯穿物相应的耐火性能及力学稳定性能。

为了便于某些填充类防火封堵材料的定位和增强防火封堵材料的力学强度，有时需要同时安装支撑件或衬垫等。

3. 下列部位孔洞应设置防火封堵：

（1）电缆由室外进入室内的入口处。

（2）电缆竖井按设计要求的楼层处。

（3）电缆进出竖井的出入口处。

（4）电缆构筑物中电缆引至电气柜、盘或控制柜屏、台的开孔部位。

（5）主控制室或配电室与电缆夹层之间。

（6）电缆贯穿隔墙、楼板的孔洞处。

4. 贯穿孔口的防火封堵施工应符合下列要求：

（1）安装前，应清除贯穿孔口处贯穿物和被贯穿物表面的杂物、油污等，使之具备与封堵材料紧密黏结的条件。

（2）当需对被贯穿物进行绝热处理时，应在安装前进行。

（3）当需要辅以矿棉等填充材料时，填充材料应均匀、密实。

（4）防火封堵材料在硬化过程中不应受到扰动。

（5）当采用防火灰泥进行封堵时，应在防火灰泥达到要求的硬化强度后拆模。

（6）当采用防火板进行封堵时，宜对防火板的切割边进行钝化处理，避免损伤电缆等贯穿物。

（7）阻火圈或阻火带应安装牢固；在腐蚀性场所宜采用阻火带。

（8）当采用防火包或有机堵料如防火发泡砖进行封堵时，应将防火包或防火发泡砖平整地嵌入被贯穿物的空隙及环形间隙中，并宜交叉堆砌。

防火封堵施工时，首先应清楚贯穿物和被贯穿物上的油污、松散物，使防火封堵材料与贯穿物和被贯穿物紧密黏结。防火封堵材料的形状和厚度，应根据制造商提供的操作指南和构造图纸进行填塞，并满足相应部位的耐火极限要求。

施工完成后，应将那些不属于防火封堵组件的辅助材料清除，并采用适当方法清理贯穿孔口和环形间隙附件多余的防火封堵材料，使防火封堵组件表面平整、光洁、无裂纹，并填充密实。

管道贯穿孔口使用阻火圈或阻火带时应注意，安装部位应位于墙体两侧或楼板下侧；在多种类型贯穿物混合穿越被贯穿物时，如在矿棉板或防火发泡砖的防火封堵组件中采用阻火圈或阻火带，应按厂商的要求进行安装，保证遇火时不脱落。

2.7　通风与空调工程

2.7.1　风机安装

风机安装应符合下列要求：

（1）室外安装的风机进风口处应有防护罩，并设置防雨措施。这是为避免室外安装的风机进风口在雨天进入雨水而锈蚀风机。

（2）风机的进出风管等装置应有单独的支撑并安装牢固。这是为避免风管的重量作用在连接的软管等其他附件上而对其造成损害。

2.7.2　风管制作安装

1. 风管制作应符合下列要求：

（1）圆形风管直径大于等于 800mm，且其管段长度大于 1250mm 或总表面积大于 4m² 均应采取加固措施。

（2）矩形风管边长大于 630mm、保温风管边长大于 800mm，管段长度大于 1250mm 或低压风管单边平面面积大于 1.2m²，中、高压风管大于 1.0m²，均应采取加固措施。

（3）无机玻璃钢风管质量必须符合 JC 646 标准要求，风管表面应光洁、无裂缝、无明显泛霜和分层现象；金属风管的材料品种、规格、性能与厚度应符合设计和现行国家产品标准的规定。

（4）防排烟系统柔性短管的制作材料必须是不燃材料。

（5）成品金属风管按设计图纸和施工质量验收规范验收，风管的材料品种、规格、性能、厚度应符合设计和现行国家产品标准的规定。

当圆形风管直径大于等于 800mm，且管段长度大于 1250mm 或总表面积大于 4m² 时，均应采取加固措施。矩形风管当边长大于等于 630mm 或保温风管边长大于等于 800mm，且管段长度大于 1250mm 或低压风管平面面积大于 1.2m²（中、高压风管为 1.0m²）时，也均应采取加固措施。

2. 风管安装应符合下列要求：

（1）风管法兰连接应紧密，翻边宽度一致；风管接口的连接应严密、牢固，风管法兰垫片材质应符合系统功能要求，厚度不小于 3mm。

（2）风管穿墙、板应设置套管，穿过需要封闭的防火、防爆的墙体或楼板时，应设钢板厚度不小于 1.6mm 的防火套管，风管与套管之间，应用不燃且对人体无危害的柔性材料封堵。

（3）当水平悬吊的主、干风管长度超过 20m 时，应设置防止摆动的固定点，每个系统不应少于 1 个；

（4）风管与设备连接处应安装柔性短管；柔性短管的安装，应松紧适度，无明显扭曲。

2.7.3 风管部件安装

1. 风口安装应符合下列要求：

风口不应直接安装在主风管上，风口与主风管应通过短管连接。

2. 防火阀安装应符合下列要求：

（1）防火阀应安装在紧靠墙或楼板的风管管段中，防火分区隔墙两侧的防火阀距墙表面不应大于200mm。此要求是为了防火分区一侧发生火灾时，防火阀切断，减少火灾蔓延至另一侧防火分区。

（2）边长（直径）大于或等于630mm的防火阀宜设独立的支、吊架；水平安装的边长（直径）大于200mm的风阀等部件与非金属风管连接时，应单独设置支、吊架。当防火阀边长（直径）大于或等于630mm时，防火阀本身重量需要单独支吊架固定。

（3）室外安装的防火阀上表面应有泄水孔，以避免防火阀上的积水锈蚀防火阀本体。

2.7.4 厨房、卫生间排烟（风）道安装

1. 厨房、卫生间排烟（风）道材料应符合下列要求：

（1）住宅排烟（风）道的选用应符合国家、行业或地方相关规范规程的要求。

（2）排烟气道系统应为成套定型产品，每套系统必须提供系统通风性能检测报告；相同的管体配套不同的配件即为不同的成套定型产品，应分别提供系统通风性能检测报告，并且每种型号的管体系统皆应提供与其型号对应的报告。

（3）排烟（风）道制品的壁厚应不小于15mm；排烟（风）道的承载力、耐火极限指标应符合产品的质量标准要求，同时应对管体的抗柔性冲击和垂直承载力进行见证取样送检。

（4）防火止回阀的外壳应采用不锈钢板或经防锈喷涂的Q235冷轧钢板制作，其他制作材料也应符合《排油烟气防火止回阀》GA/T 798的规定；厨房排烟气道与抽油烟机之间设计安装温度为1500℃的高密闭变导式防火止回阀，卫生间排烟气道与排气扇之间设计安装温度为700℃的高密闭变导式防火止回阀。

工程使用的排烟气道系统材料的品种、规格等应符合设计和产品标准要求，且标识明确。在材料进场时通过目视和尺量等方法检查，并对其质量证明文件进行核查确认。

2. 厨房、卫生间排烟（风）道安装应符合下列要求：

（1）在穿越楼板处的上下排烟（风）道接合面应用连接管连接，再涂满素灰加5%建筑密封胶，再托底模用C20细石混凝土分两次将预留孔缝隙捣密实，并做成高出地面30mm的防水反口。

（2）排烟（风）道安装过程中，应防止杂物掉入管道内。

（3）屋面风帽安装高度应符合相关标准规范的要求。

（4）安装完成后，排烟（风）道内应清扫、吹灰，止回阀要逐一检查，保证在规定的气流下开闭自如。安装完成后现场应做通风性能检测。

2.7.5　空调机位、排水设置

1. 空调机位设置应符合下列要求：

（1）建筑外立面空调室外机位设置位置应满足现行建筑节能设计标准的要求，禁止将空调室外机位设于建筑物内部。

（2）建筑外立面空调室外机位的设置位置，应符合下列规定：

1）宜布置在南、北或东南、西南向。

2）应保证空调室外机位进排风流畅，无气流短路现象；在排出空气一侧不应有遮挡物；室外机位的侧面、背面应留有足够的进风空间，并应保证空调室外机位围护设施的有效通风面积不小于 60%。

3）空调室外机位的尺寸应满足空调使用房间的常用机械尺寸，且最小净宽尺寸不应小于 1.1m，最小净深尺寸不应小于 0.6m。

4）在高层建筑竖向凹槽内布置空调室外机位时，凹槽的宽度不宜小于 2.5m，空调室外机位设置与凹槽的深度不应大于 4.2m；空调室外机位的排放口不宜相对，相对时其水平间距应大于 4m。

5）空调室外机位宜靠近空调室内机安装位置，冷媒管的连接长度不宜超过 3m，冷凝水管管径不宜小于 50mm，外墙面不宜暴露管线而影响立面美观。

2. 空调排水及套管设置应符合下列要求：

（1）建筑外立面空调室外机位冷凝水应设置有组织单独排放系统。排水口构造应利于冷凝水排放。

（2）空调套管敷设必须按"内高外低"设置 2%～3%坡度。

2.8　智能化工程

2.8.1　访客对讲系统

访客对讲系统不能正常工作、室内机图像不清晰应采用下列防治措施：

（1）系统工程设计、设备和材料应符合《安全防范工程技术标准》GB 50348 和《联网型可视对讲系统技术要求》GA/T 678 的规定；若采用 RS-485 作为传输总线，RS-485 的实际传输距离不应超出 RS-485 的有效传输距离；系统入户线与系统总线间应设置隔离短路保护器；系统应配置不间断电源；宜选用具有逆光补偿的摄像机；当住宅小区设有火灾自动报警系统时，应与火灾自动报警系统互联；发生火警时，单元防盗门锁应能自动打开。

（2）不具备逆光补偿功能的单元门口摄像机，安装环境宜作亮度处理；访客对讲门口机宜安装在楼道外雨淋不到的地方，否则应配置防雨设施；可视对讲门口机宜装在楼道门外侧面墙上，以避免逆光影响图像效果。

（3）系统应按下列规定的数量进行最终检测：门口机、电控锁和管理员机100%，室内机10%，隔离短路保护器10%，不间断电源100%；不间断电源在市电断电时应能自动投入并能维持正常工作不少于8h；语音通话应清晰，在显示屏上应能有效识别目标图像。

2.8.2 住宅报警系统

住宅报警系统不能正常工作、探测器误报与漏报应采用下列防治措施：

（1）系统工程设计、材料应符合《入侵报警系统工程设计规范》GB 50394及《安全防范工程技术标准》GB 50348和《入侵报警系统技术要求》GA/T 678的规定。

（2）入侵探测器应符合《入侵探测器》系列标准GB 10408.1、GB 10408.2、GB 10408.3、GB 10408.4、GB 10408.5、GB 10408.6、GB 10408.7、GB/T 10408.8、GB 10408.9的要求，报警控制器应符合《防盗报警控制器通用技术条件》GB 12663的要求，门窗磁开关应符合《磁开关入侵探测器》GB 15209的要求。

（3）探测器的作用距离、覆盖面积，宜具有25%～30%的余量，并能通过灵敏度调整进行调节；入侵探测器产品应通过3C认证。

（4）利用公用电信网，或利用公共数据网传输报警信号时，住宅防盗报警主机（报警控制器）应具备相应的信息产业部进网许可标志。

（5）探测器的安装位置应符合《入侵报警系统工程设计规范》GB 50394附录B的要求；厨房燃气泄漏探测器安装高度宜符合下述规定：燃气泄漏探测器顶边距房顶300mm；入侵探测器的防拆报警信号线禁止与报警信号线并接，以免出现在撤防状态下系统对探测器的防拆信号不响应的情况。

（6）探测器安装后应对其防护范围、灵敏度以及防误报、防漏报、防宠物、防拆功能逐一进行调试和测试，均应正常并符合设计要求。

（7）入侵探测器应按《入侵报警系统技术要求》GA/T 368进行检测，报警控制器应按《防盗报警控制器通用技术条件》GB 12663进行检测。

（8）报警装置在市电断电时，后备不间断电源应能自动切入并能持续工作8h。

2.8.3 停车库（场）安全管理系统

停车库（场）安全管理系统不能正常工作、读卡无信息上传、读卡有信息上传但无联动、图像对比窗口图像不清晰应采用下列防治措施：

（1）系统工程设计应符合《安全防范工程技术标准》GB 50348和《视频安防监控系统工程设计规范》GB 50395的要求；宜选用低照度、自动光圈、防逆光和眩光、自动白平衡的摄像机；若采用RS-485作为传输总线，RS-485的实际传输距离不应超出RS-485的有效传输距离。

（2）IC卡应符合GB/T 16649.1、GB/T 16649.2、GB/T 16649.3及GB/T 16649.5的规定；IC卡系统使用的终端设备应符合《建设事业IC卡应用技术》CJ/T 166的规

定；卡片表面应光洁、干燥、无杂物、无变形；发卡机的卡容量应大于 250。

（3）采用的线缆应符合《安全防范工程技术标准》GB 50348 第 3.11 条的规定。

（4）线缆连接设备的方式只允许压接、焊接，严禁绞接和插接；摄像机镜头安装宜顺光源方向对准目标，宜避免逆光安装，并应尽量避开车灯的直射；地感线圈的埋设位置应覆盖过车通道的 2/3，并对摩托车、高底盘车均能检测；地感线圈至机箱处的线缆应采用金属管保护。

（5）系统管理用电脑应专用，严禁安装游戏软件和接入因特网。

2.8.4　小区安防视频监控系统

小区安防视频监控系统不能正常工作、视频图像效果差应采取下列防治措施：

（1）系统工程设计应符合《安全防范工程技术标准》GB 50348 和《视频安防监控系统工程设计规范》GB 50395 的规定。

（2）长距离（线缆长度大于等于 1000m）视频信号的传输应采用单模光纤，中长距离（线缆长度大于等于 300m 且小于等于 1000m），可采用不低于 5 类线性能的非屏蔽对绞线，短距离（线缆长度小于等于 300m）可选用同轴电缆；线缆的选用应符合《综合布线系统工程设计规范》GB/T 50311 和《安全防范工程技术标准》GB 50348 第 3.11 条的规定。

（3）宜选用低照度、自动光圈、防逆光和眩光、自动白平衡的摄像机，并配置室外防护罩。

在正常工作照明情况下，实时显示彩色电视水平清晰度应大于等于 270 TVL，最低照度应小于等于 0.5Lux（F1.4，30IRE）；实时显示黑白电视水平清晰度应大于等于 400 TVL，最低照度应小于等于 0.05Lux（F1.4，30IRE）；两者的像素数都应大于等于 400000 有效像素。

夜间应设有灯光进行补偿；无法满足补光条件的，可选用红外一体化摄像机。

与周界报警系统、灯光联动的，联动响应时间应小于 4s。

（4）传输模拟视频信号时应符合 PAL 视频标准，信噪比应达到 48dB；传输数字视频信号时，编解码时延应小于 1s，传输时延小于 1s。

（5）系统应采用数字记录设备进行录像，录像记录帧速应不少于 25 帧/s，录像分辨率应不低于 CIF（352×288），码率应不低于 512kb/s，记录保存时间应不少于 15t；重点部位应全天 24h 实时录像，非重点部位可采用 24h 视频移动侦测录像。

（6）在异地对本地供电的情况下，摄像机和视频切换控制设备的供电宜为同相电源，或采取措施以保证图像同步。

（7）监控室采用接地汇集环或会集排，防止多点接地导致因地电位不等引起图像干扰；进入监控机房的架空电缆入室端应设置电涌保护器；显示设备的清晰度不应低于摄像机的清晰度，宜高出 100TVL。

（8）选用光源的显色指数（Ra）宜大于 80；不间断电源应在市电断电后自动投入，并能满足系统正常工作 8h 的需要；选用的变速球型摄像机应符合《视频安防监控系统—变速球型摄像机》GA/T 645 的要求；选用的数字录像设备应符合《视频安防监控数字录像设备》GB 20815 的要求；选用的矩阵切换设备应符合《视频安防监控系统—矩阵切换设备通用技术要求》GA/T 646 的要求；选用的前端设备应符合《视频安防监控系统—前端设备控制协议 V1.0》GA/T 647 的要求。

（9）应对摄像机进行简单随机抽检。抽样率应不低于 20% 且不应少于 3 台，少于 3 台的应 100% 检测。

（10）摄像机宜安装在监视目标附近且不宜受外界干扰和损伤的地方；安装的高度，室内距地面不宜低于 2.5m，室外距地面不宜低于 3.5m。

（11）信号线和电源线应分别引入，外露部分用软管保护。

（12）住宅小区视频监控系统竣工后应进行系统检测，系统检测应按照《安全防范工程技术标准》GB 50348 执行。

（13）小区安防视频监控系统的检验项目、检验要求及测试方法应符合《安全防范工程技术标准》GB 50348 第 7.2.2 条的规定。

2.8.5　无线家电控制系统

无线家电控制系统遥控有效距离不够、控制不灵敏、方向性强、无线转红外设备控制距离短及角度小应采取下列防治措施：

（1）系统工程设计应考虑无线信号发射和接收的有效距离，并考虑不同材料墙体对无线信号的衰减，特别是金属材料对无线信号的屏蔽；如果无线信号发射设备和接收设备的距离超过有效距离，应增加信号中继设备；应避免其他无线信号对无线家电控制设备的干扰；无线转红外设备应注意与红外接收设备之间红外发射的距离和角度；

（2）无线发射和接收的室内有效距离应大于等于 10m；红外发射距离应大于等于 5m，红外发射角度应大于等于 30°；无线发射设备应灵敏，无明显的方向性；

（3）红外发射设备与红外接收设备之间不能有障碍物，两者之间的距离和角度应在红外发射的有效范围内；

（4）安装时避免金属材料对无线信号的屏蔽。

2.8.6　住宅智能化系统的防雷接地

住宅智能化系统因防雷接地措施不当导致系统运行不正常或损坏应采取下列防治措施：

（1）住宅智能化系统工程设计应符合《建筑物电子信息系统防雷技术规范》GB 50343、《安全防范工程技术标准》GB 50348 的防雷接地设计要求。

（2）系统接地干线宜采用截面积不小于 $16mm^2$ 的绝缘铜芯导线。

（3）住宅智能化系统的接地电阻值应符合设计值。

（4）住宅智能化系统工程施工应符合《建筑物电子信息系统防雷技术规范》GB 50343 的规定。

2.9　建筑节能工程

2.9.1　基本规定

（1）建筑节能设计专篇应与各专业施工图及绿建专篇相协调一致。

（2）建筑节能设计文件应有详尽的细部构造详图，当采用标准图集时应予以明确的索引。

2.9.2　墙体节能工程

（1）建筑墙体节能工程的施工图应明确门窗洞口、阳台、女儿墙、采光井、空调机位、凸窗等外墙热桥部位的构造详图。当设计采用岩棉板、保温装饰复合板等保温材料时，应详细明确在门窗框洞口外侧四周所用材料和厚度。

（2）建筑墙体节能工程的基层应采用水泥抹灰砂浆整体找平，抹灰砂浆的性能及抹灰工程（普通抹灰）质量应符合《抹灰砂浆技术规程》JGJ/T 220 的规定。

（3）对外墙保温系统附加固定所用锚栓，设计应明确其类别、规格型号、设置数量，进入基层墙体的有效锚固深度以及拉拔力等性能指标要求。特别保温装饰复合板，应充分考虑每块板扣件布置，严禁出现无扣件板块。

不同保温材料系统锚栓每平方米颗数不同，如表 2-6 所示。

表 2-6　不同保温材料系统锚栓每平方米颗数

序号	保温材料系统	锚栓每平方米颗数	备注
1	岩棉板	建筑高度 60m 以下：5 颗；建筑高度 60m 以上 100m 以下：6 颗	
2	改性发泡水泥板	薄抹灰涂料饰面：5 颗；厚抹灰和新型面砖饰面薄抹灰：7 颗	
3	玻化微珠无机保温板	4 颗	
4	难燃型膨胀聚苯板	建筑高度在 50m 以下：4 个；50m 以上：6 个。	
5	难燃型挤塑聚苯板	建筑高度在 50m 以下：4 个；50m 以上：6 个。	

（4）当采用 A 级保温材料时，设计单位应明确外保温系统支撑托架设置要求和具体规格尺寸。

岩棉板应在建筑勒脚部位设置系统托架，宜每 3 层在分格缝处设置一道；改性发泡水泥保温板和玻化微珠无机保温板应从建筑首层勒脚部位开始设置系统支撑托架，且按楼层每 2 层设置一道。保温装饰复合板应在建筑最下面一排保温装饰板的底边采用通长托架固定。

（5）当采用 B1 级保温材料时，建筑物首层抹面胶浆或抗裂砂浆层厚度为 15mm。

（6）保温材料陈化期或养护期，必须严格达到相应标准要求时间。

为减少保温材料应力带来变形的开裂风险，要严格按照陈化期或养护期时间及条件进行养护（表 2-7）。

表 2-7　不同保温材料系统陈化期或养护期时间及条件

序号	保温材料系统	陈化期或养护期	陈化期或养护期条件
1	改性发泡水泥保温板	养护期 28d	自然养护
2	岩棉板	无	无
3	难燃型膨胀聚苯板	自然条件下陈化 42d 或在 60℃蒸汽中陈化 5d	自然条件和蒸汽条件
4	难燃型挤塑聚苯板	陈化期 42d	自然条件

（7）外保温工程施工前，外门窗框或辅框、预埋铁件、设备穿墙管道、进户管线及墙上预埋件和预留洞口等应施工完毕并经验收合格。上述部位及窗口应预留出保温系统的安装厚度。凸出外墙面的各类管线及设备的安装必须采用预埋件直接固定在基层墙体上，预留洞口必须埋设套管，并与装饰面齐平；外墙预埋件或预埋套管周围应逐层进行防水处理；严禁在饰面完成的外保温墙面上开孔或钉钉。

（8）门窗铰链设置，设计应充分考虑外保温系统厚度，避免因保温层厚度不当导致门窗开起功能问题。

（9）粘贴之前保温板粘贴拼装时应错缝拼接，不得出现通缝。保温板粘贴施工前，应按设计要求及现场实际绘制排版图，在墙面弹出保温板、分格缝和防火隔离带等位置控制线。应在建筑外墙阳角、阴角及其他必要处挂垂直基准线，以控制保温板的垂直度和平整度。

（10）在墙角处保温板应交错互锁，并应保证墙角垂直度。

（11）外墙转角处及门窗洞口要按标准规定增设加强网，抹面胶浆或抗裂砂浆的热镀锌钢丝网或耐碱玻纤网应位于抹面胶浆或抗裂砂浆外侧 1/3 处。

（12）保温板（块）和墙面的黏结面积应符合标准、规范的相应规定，且不得有负偏差，需进行界面处理的保温材料严格进行界面处理。保温板（块）之间缝隙处理应使用嵌缝剂和嵌缝带，嵌缝带应压贴密实，不得有空鼓、翘曲、褶皱、外露等。

（13）外墙预留洞口宜与整块保温板粘贴，保温板粘贴采用满粘方式。

（14）当采用 B1 级保温材料时，防火隔离带采用的保温板应与基层满粘。

（15）吸水率较大的保温板，在各终端部位和转角处均应在贴板前粘贴翻包增强网。

（16）增强网应铺压严实，锚栓圆盘应紧压在增强网外侧。增强网搭接长度必须符合设计和相关标准的要求。

（17）门窗洞口、敞开式阳台、走道、底层墙体等易碰撞部位，其外墙保温宜采用双层耐碱玻纤网格布增强。

（18）当采用岩棉板、改性发泡水泥保温板、玻化微珠无机保温板等在运输过程与二次转运中，应使用干燥防水的工具进行运输，装卸应轻拿轻放，严禁抛掷，防止损伤。

（19）保温材料应按规格堆放在地面坚实平整、通风干燥的库房内，当存放在室外时，应采取防水、防潮、防灰尘、防挤压等措施。配套材料应存在室内阴凉、干燥处，按品种、规格分别堆放，避免重要。B1 级材料储存及使用必须采取防火安全措施。

第3章 市政工程质量常见问题防治

3.1 道路工程

3.1.1 水稳基层平整度差、松散、裂缝问题防治

设计时应根据路面结构计算结果合理确定水泥稳定碎石基层的层数和分层厚度。水泥稳定碎石基层应选用骨架密实型级配。

在满足设计强度前的提下，严格控制水泥剂量，并应采用强度等级为42.5的普通硅酸盐水泥，初凝时间大于3h，终凝时间大于6h且小于10h。在水泥稳定材料中掺入缓凝剂的，应对混合料进行试验验证，其指标应符合《城镇道路工程施工与质量验收规范》CJJ 1的规定。严格控制细集料中的粉尘含量，不得大于12%。混合料含水量应严格按水泥稳定碎石配合比设计控制，拌和后的含水量应略大于最佳含水量，宜在＋0.5%以内，确保碾压时达到最佳含水量。

在施工水稳基层前，路基或下承层交验应符合《城镇道路工程施工与质量验收规范》CJJ 1的规定，且表面平整、密实，无松散材料和软弱地点，摊铺前应洒水湿润。

大面积施工前应进行试验段铺筑，掌握工序衔接和施工延迟时间状况，并根据试验结果和现场检验情况，确定适宜的拌和、运输、摊铺、碾压、养护等工艺。

水泥稳定碎石混合料应在场站集中拌和。在正式拌和之前，需先调试所用的厂拌设备，使混合料的颗粒组成和水泥、含水量（应根据施工气温调整最佳含水量）都达到规定的要求。当集料的颗粒组成发生变化时，应重新调试设备。

分层摊铺施工时，底基层宜采用摊铺机摊铺，上基层应采用摊铺机摊铺。道路幅宽大于最大摊铺宽度时，宜采用两台摊铺机同时摊铺。施工过程中随时检查整平板前来料高度和控高传感器情况，避免出现较大起伏。

水泥稳定碎石基层应按照钢轮压路机稳压—弱振动碾压—强振动碾压—胶轮压路机收压的顺序碾压。碾压过程中横向接头应幅间错开。碾压完毕后及时采用节水保湿养护膜覆盖养护，保持表面湿润。

当分层施工时，底基层、上基层摊铺碾压应衔接紧密。成型后养护期不得少于7d，期间应严禁车辆通行，避免损坏，期后应及时封层处理。

处理局部基层不平整问题时，严禁采用薄层贴补的方法进行找平，应在上层施工时增加相应的结构厚度。

检验时除应符合《城镇道路工程施工与质量验收规范》CJJ 1要求外，还应采用钻

芯取样的方法验证水稳基层的成型完整性情况。

3.1.2　检查井盖与路面衔接不平顺

新建项目横断面布置，应结合道路横断面和管线需求，合理研究管线横断面布置关系，尽量避开公交站台和路口渠化段。当管道必须布设在机动车行道范围内时，宜将检查井设置在单条机动车道的中心线处。

位于车行道范围内的检查井周也应采取加强措施，并选择易于密实的回填材料，宜采用水硬性材料分层夯实或采用低强度等级混凝土振捣密实。加强井圈宜采用 C30 钢筋混凝土，调节环宜采用 C40 及以上钢筋混凝土。

井座调平不得采用砖等砌筑材料。检查井盖应满足现行国家标准《检查井盖》GB/T 23858 的要求。检查井盖进场验收时，应进行外观检查及主要力学性能指标的复试。

安装井座前，应逐个检查加强井圈混凝土外观质量，表面平整坚实，洞口圆顺，不得出现开裂破损和漏浆变形的情况。

沥青路面铺筑前，应按设计要求安装固定钢筋混凝土调节环，并随道路路面沥青混凝土分层铺筑提升铸铁限位井筒。

沥青摊铺时确保检查井洞口不漏料，控制好虚铺厚度，碾压成型后与井盖表面平齐。

检查井周边填料宜与道路结构层同步填筑，并以小型压实设备同步碾压，压实度不小于结构层压实度。

3.1.3　"白加黑"路面结构沥青面层过早出现反射裂缝防治

根据旧路面调查及检测数据情况分析病害类型和明确相应处治措施。

在原水泥混凝土路面上加铺沥青层时，应采取板缝铺贴防裂卷材等延缓反射裂缝产生的措施，宜设置 SBS 改性沥青或橡胶沥青应力吸收层，黏结层宜采用改性乳化沥青。

破碎板块必须进行破除并重新浇筑混凝土处理。混凝土弯拉强度不得低于 5.0MPa，并增设新旧板块间的拉杆、传力杆等措施。

与基层脱空的混凝土面板须进行压浆补强，压浆浆液 24h 龄期的抗压强度不小于 5.0MPa。对于交通压力大，白天需要开放交通的道路板块压浆，浆液 3h 龄期的抗压强度必须达到 5.0MPa 以上，24h 龄期的抗压强度达到 10.0MPa 以上。

对处治合格后的混凝土板块应明确清洁、糙度、板缝处理等措施。

填仓浇筑混凝土和板底压浆水泥应具有微膨胀性。防裂卷材宜采用以 SBS 改性材料为主，辅以各种助剂制成的沥青涂盖料浸涂聚酯玻纤布，或采用长纤聚酯毡胎基制成的自粘型或热熔型改性沥青防裂卷材。

破碎板拆除后，应检查基层的完整性，如存在开裂、松散情况时，应进行处理直至合格。基层成型后，清扫干净并洒水湿润，方可浇筑面板混凝土，严格控制水泥混凝土的配合比、水灰比和坍落度，摊铺后应及时振捣密实，确保抹面平整，板块间无错台。

采用压力压浆机或压浆泵进行脱空板压浆时，应注意压注嘴与压浆孔的紧密结合，压浆压力应控制在 1～2MPa 之间，初始压浆阶段可适当增加压力，后阶段逐渐进行降压调整至稳定压力。压浆完毕，立即用木楔封住压浆孔，待浆体初凝后除去木楔，用高强度等级砂浆封孔，养护期不得少于 1d（高强度等级封孔砂浆 24h 龄期抗压强度不小于 5MPa）。

压浆板块检测频率应符合设计要求，若设计无要求时，应对所有压浆板块进行检测，检测不合格的应进行复注，直至合格后方可进行下一步工序。合格判定标准：任意一点检测弯沉截距小于 0.03mm、单点弯沉小于 0.2mm、板间弯沉差 0.06mm。

既有板块错台高差处理时，可采用人工或机械方法磨平。磨平后，应将缝内杂物清除干净。

混凝土板间填缝前，应采取干法铣缝，并吸净灰尘，及时按设计要求用填缝料填缝。

水泥混凝土表面应采用专用的清洁除尘设备，彻底清除表面浮浆和污物，糙度符合设计要求。

3.1.4　沥青路面出现裂缝、松散、车辙等早期病害防治

涉及公交专用道和重载交通量较大且有信号控制的路口，沥青面层宜采用抗车辙性能和抗疲劳性能优良的改性沥青混合料。其沥青混合料车辙试验动稳定度和低温弯曲破坏应变应满足《公路沥青路面设计规范》JTGD 50 要求。在封层表面和各沥青面层层间应明确洒布改性乳化沥青黏层油措施，确保层间有效黏结。

用于沥青面层的普通沥青或改性沥青胶结料均应符合《公路沥青路面施工技术规范》JTGF 40 中的技术标准，路用性能应满足设计要求。用于开级配排水磨耗层 OGFC 型的改性沥青胶结料中应添加高黏改性剂，以提高排水沥青混合料的胶结强度和耐久性。

主、次干道沥青表面层粗集料宜采用洁净、干燥、无风化、无杂质的玄武岩轧制的碎石，支路沥青表面层粗集料宜采用玄武岩或辉长岩轧制的碎石。细集料宜采用新鲜、坚硬、洁净的硬质灰岩或玄武岩，并经专用设备加工的机制砂，且在加工过程中必须具有吸尘设备。粗集料、细集料和矿粉均应满足《公路沥青路面施工技术规范》JTGF 40 的技术标准要求。矿粉中严禁掺加除尘装置回收的粉尘，矿粉中小于 0.075mm 的颗粒含量宜大于 90%。

为保证沥青与集料间的黏结力，提高抗水损害能力，应在沥青或沥青混合料中掺加抗剥落剂，加入后沥青与集料的黏附性不低于 5 级。

表面层采用改性沥青玛蹄脂碎石混合料（SMA）或开级配排水磨耗层混合料（OGFC）时，应在混合料中掺加一定重量比例的纤维稳定剂。宜采用由原木浆生产的木质素纤维，掺量按沥青混合料总量的质量百分率计，絮状木质素纤维用量不得少于 0.3%，颗粒状木质素纤维的掺量不得少于 0.4%。必要时可论证掺加一定比例的高分子材料纤维或玄武岩矿物纤维。

沥青混合料配合比设计，应严格按照目标配合比设计、生产配合比设计、生产配合比验证三个阶段确定混合料的配合比，宜选用骨架密实型级配或密实粗型级配。矿料级

配组成及混合料的各项性能指标应满足相关规范要求。

透层油宜采用渗透性好的慢裂阴离子乳化沥青 PA-2。用于基层表面的同步碎石封层，宜采用与表面层相同的改性沥青或橡胶沥青，洒布量宜控制在 $1.8 \sim 2.0 kg/m^2$，碎石洒布率应达到 70%。

生产沥青混合料所用材料及设备均应满足《公路沥青路面施工技术规范》JTGF 40 要求。所有进场材料应进行均匀性及质量抽检，不符合设计要求的材料不得进场。各类材料应有效隔离，严禁窜料，并设防雨措施。

在摊铺沥青混合料面层前，下层表面应清扫干净，均匀洒布黏层沥青确保层间黏结。

正式施工前应进行试验段铺筑，沥青混合料运输必须采用专用保温车辆，途中须采取有效保温措施并防雨、防污染，从拌和场站到摊铺现场温度损失不大于 5℃，摊铺温度及压实温度控制应满足《公路沥青路面施工技术规范》JTG F40 要求。压实度以现场空隙率指标和标准密度的压实度指标双控制。

沥青路面不得在气温低于 10℃ 以及雨天、路面潮湿的情况下施工。施工时应选用有自动找平和预压实装置的摊铺机。当采用两台摊铺机联合摊铺时，摊铺机间距不宜超过 10m。摊铺机的摊铺速度应根据机械配套能力、摊铺宽度和厚度来选择，做到连续、匀速，中间不得随意停机。

冷接缝的处理，应先将已摊铺压实的路幅边缘切割整齐、清除碎料，用热混合料敷贴接缝处，使其预热软化，再铲除敷贴料，对缝壁涂刷黏层沥青后，铺筑新混合料。

充分压实横向接缝。碾压时，压路机沿着已压实的横缝上，钢轮伸入新铺层 15cm，每压一遍向新铺层移动 $15 \sim 20cm$，直到压路机全部在新铺层为止，再改为纵向碾压。

3.1.5　钢桥面铺装沥青混凝土车辙及脱层防治

设计时宜参照《公路钢箱梁桥面铺装设计与施工技术指南》的铺装典型结构方法进行铺装结构设计。当采用反应性树脂做防水层的铺装结构时（图 3-1），应符合下列要求：

（1）钢板喷砂除锈程度至规定等级，并采用环氧富锌漆作防腐层。

（2）反应性树脂防水层可分为两层，下层干膜厚度 $0.2 \sim 0.3mm$，其上撒布干净细沙；上层干膜厚度 $0.5 \sim 0.6mm$，其上撒布机制中砂。

（3）采用橡胶沥青胶砂作缓冲层，厚度宜为 $5 \sim 8mm$；为保证该层与防水层的联结，宜使用溶剂型沥青胶粘剂作为底涂层，用量宜为 $0.2 \sim 0.4 kg/m^2$。

当采用浇筑式沥青混凝土做防水层的铺装结构时，该结构中浇筑式沥青混凝土同时兼备防水层和铺装下层的作用（图 3-2），应符合下列要求：

（1）钢板喷砂除锈程度至规定等级。

（2）溶剂型沥青胶粘剂作为封闭层，涂布两层，两层用量均为 $0.1 \sim 0.2 kg/m^2$，封闭层同时也作为钢板与浇筑式沥青混凝土层之间的黏结层。

（3）浇筑式沥青混凝土下层厚度宜为 $25 \sim 40mm$，相应面层厚度宜为 $30 \sim 40mm$。

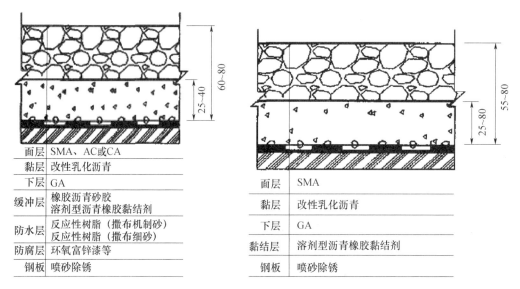

面层	SMA、AC或CA
黏层	改性乳化沥青
下层	GA
缓冲层	橡胶沥青砂胶 溶剂型沥青橡胶黏结剂
防水层	反应性树脂（撒布机制砂） 反应性树脂（撒布细砂）
防腐层	环氧富锌漆等
钢板	喷砂除锈

面层	SMA
黏层	改性乳化沥青
下层	GA
黏结层	溶剂型沥青橡胶黏结剂
钢板	喷砂除锈

图 3-1　反应性树脂做防水层的铺装结构　　图 3-2　浇筑式沥青混凝土做防水层的铺装结构

边缘带与铺装层的接缝处可采用贴缝条或热熔填缝料进行封缝封水处理。下层施工接缝与面层施工接缝位置应错开至少 100mm。

钢桥面沥青及沥青混合料的材料要求应符合《公路沥青路面施工技术规范》JTG F40 规定。防腐层、防水黏结层的材料要求应参照《公路钢桥面铺装设计与施工技术指南》执行。

钢桥面防水施工时，应对全桥实行封闭，杜绝施工和运输污染，避免与其他工序交叉干扰。钢桥面铺装施工应避开雨天。施工中如遇雨，应立即停止施工，并在消除雨水带来的危害后，方可重新施工。钢桥面铺装施工不宜在夜间进行，浇筑式沥青混合料施工不得在气温低于 5℃情况下进行。

正式施工前应做试验段，其中喷砂除锈及防水黏结层面积不小于 100m²，沥青铺装层长度不小于 100m。施工中尽量避免设置施工缝。当无法避免时，横向施工缝应设置在钢梁相邻横肋（包括横梁）的中间，且相邻两幅及上、下层的横向施工缝应错开 1m以上；纵向接缝应距钢梁纵向腹板位置 30cm 以上。

钢桥面除锈及防腐施工时，应符合下列要求：

（1）在除锈和涂装作业时，大气湿度不大于 85%，环境温度不低于 10℃，钢板表面温度应高于空气露点 3℃以上；当出现浓雾或降雨时，不得进行施工。

（2）喷砂除锈后的钢桥面板，其清洁度应达到 Sa2.5 级，边角处人工打磨除锈的清洁度应达到 Sa3.0 级，粗糙度应符合设计要求。

（3）除锈后的钢桥面应及时保护，并在 4h 内完成第一层涂层施工。

甲基丙烯酸甲酯树脂防水黏结层施工时，应符合下列要求：

（1）施工前应对桥面再次进行清洁处理，清除掉全部油污、水分或其他污染物。

（2）采用高压无气喷涂设备作业前，应对桥面其他部位进行覆盖防护，并采取有效防风遮挡措施，风速大于 10m/s 时不得施工。

（3）防水黏结层宜分两层施工，每层湿膜厚度不小于 1.2mm，两层干膜总厚度不小于 2mm，应在第一层涂膜干后立即喷涂第二层。

（4）防水黏结层的施工接头处，新涂膜在旧涂膜上搭接长度不小于 50mm。

橡胶沥青胶砂缓冲层施工宜采用机械摊铺，厚度宜为 3~8mm，施工温度宜为200~220℃。为起到充分覆盖和封闭防水黏结层的作用，摊铺完毕后应派专人检查，不得有气泡和脱空现象。

粘层施工时应针对不同种类的材料，选用专用撒布机具和适宜喷嘴。施工时控制撒布速度，按设计用量进行均匀撒布。

钢桥面铺装下层浇筑式沥青混合料施工时，应符合下列要求：

（1）浇筑式沥青混合料拌和出料温度应控制在 220~240℃，并放入具有加热拌和功能的运输设备中，途中拌和时间最长不宜超过 8h，否则应作废弃处理。

（2）摊铺前应采用钢板或木板设置并固定侧向模板，高度与摊铺厚度相一致。

（3）浇筑式沥青混合料的施工接缝，应进行预热处理或使用贴缝条，确保与新铺的沥青混合料形成整体。

（4）在摊铺过程中如出现气泡或鼓包等现象时，需在混合料丧失流淌性之前处理，使用特制针状体刺破排出。

（5）预拌碎石应采用自行式撒布机紧随摊铺机后撒布，撒布量应根据现场试验确定，覆盖面积应控制在 50%~90%。预拌碎石的沥青用量宜为 0.2%~0.5%。

钢桥面铺装上层热拌改性沥青混合料（SMA/AC）施工时，应符合下列要求：

（1）改性沥青混合料（SMA/AC）应符合《公路沥青路面施工技术规范》JTG F40 的规定，施工时可适当提高摊铺温度。

（2）SMA 结构不宜使用轮胎压路机碾压。

人行道铺装松动、沉降防治：

设计时应明确基层填料要求和压实度标准。采用水泥混凝土作基层时，应明确抗压和抗折强度指标，并设计板缝处理措施。

应对进场的面层铺装材料进行几何尺寸和色泽的外观检查，其质量应符合《城镇道路工程施工与质量验收规范》CJJ1 的要求。必要时可根据情况抽查力学性能指标。

人行道路基压实应使用机械施工，压实度应满足设计要求。基层或基础完工后，应封闭养护。安装前搁置面应清理干净，提前洒水湿润。砂浆拌和后应在 2h 内用完，厚度宜控制在 2~3cm 之间，砂浆铺垫应饱满。

较大预制构件吊装时，应避免构件相互碰撞而造成棱角损坏。安装时与搁置面应接触严密，不得翘曲和错台。

铺装时应挂线施工，纵、横缝顺直，横坡正确，缝宽一致。不规则路段铺装时应根据设计图和现场情况事前放样调整，宜采用定制构件进行铺装，不得现场随意切割。小型预制块面砖铺砌平整稳实后，宜采用干拌水泥砂灌缝，再撒细砂扫缝，不得用砂浆抹缝。缝隙应饱满，完工后应及时封闭养护。

3.2 排水管道工程

3.2.1 承插管管道接口、井室接口渗漏防治

当管道及检查井基础设置在软弱、易出现不均匀沉降地基和膨胀土地质时，应采取专项基础设计和相应基础处理措施。当检查井井室盖板覆土大于 4m 时，应按《排水检查井图集》06MS201-3，对盖板作加强设计或采用多层井室。采用小管径的钢筋混凝土管时，设计宜增设防腐措施。

管材质量应符合国家标准《混凝土和钢筋混凝土排水管》GB/T 11836 的要求。管道用接口密封圈质量应符合国家标准《橡胶密封件给、排水管及污水管道用接口密封圈》GB/T 21873 的规定。管材进场时应复检拉伸强度和拉断伸长率等主要指标。

施工中需加强管材运输、吊装过程中的成品保护工作，特别是管口的保护。下管时用柔性索兜吊或专用吊具，严禁采用钢索穿管直接起吊方式，平吊轻放，避免扰动基底和相互碰撞损坏。

排水管地基应按设计及规范要求设置承插口工作坑，以便接口施工。保证操作阶段管子承口悬空且使管身与砂石基础接触均匀，如图 3-3 所示。

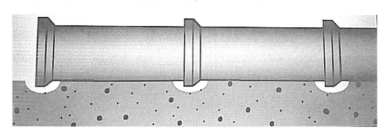

图 3-3 承插口工作坑示意

管道安放时承口应向上，从下游往上游逐节安装。橡胶圈套入前表面应均匀涂刷中性润滑剂，当管节插入时，套在插口凹槽内的橡胶圈应平直无扭曲，不脱槽，应采用手扳倒链（葫芦）合拢管节，如图 3-4 所示。

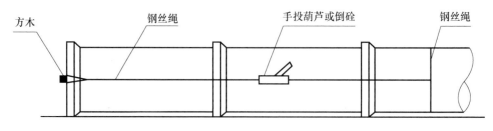

图 3-4 管节安装示意

管子承插就位、放松钢丝绳时，应复核管节的高程和中心线，橡胶圈应在承、插口工作面上。发现有橡胶圈扭曲、不均匀、脱槽等现象，应立即纠正。管道不到位时，严禁用挖掘机挪动，碰坏管子。

管道伸入检查井内长度应符合设计要求。浇筑混凝土检查井时，对管井接口应采取管道预埋的方式，不得采用预留空洞的方式。按照设计图计算确定检查井人孔盖板底至井底的相对高度，应满足井室深度要求。检查井混凝土应连续浇筑，一次完成。在管道功能性试验验收合格后，方可进行沟槽回填。

3.2.2　雨水口收水不通畅防治

新建、扩建道路时，在道路纵坡最低点集中收水，其雨水口的数量或面积应适当增加。道路交叉口竖向设计应明确雨水进水口位置。为避免雨水口井箅子受机动车碾压损坏并保证收水效果，可考虑在道路纵坡小于道路横坡的路段，采用联合式雨水箅形式，雨水箅数量可根据计算确定。

雨水箅子、箅圈的材质、型号、规格等应符合设计文件和国家标准《检查井盖》GB/T 23858 的规定。

在道路新增加出入口时，须联系设计单位，将雨水口位置作相应调整。雨水箅顶面应比其周边相邻路面低 0.5～2cm，并应与路面平顺衔接，利于收水。

3.3　桥梁工程

3.3.1　现场安装焊接引起的钢梁线形偏差防治

选用的焊接材料品种、规格、性能等应符合设计要求和现行有关标准的规定，并应按有关规定抽样复试。

钢桥宜根据跨径大小、起吊能力等选择安装方式，并应编制专项安装施工技术方案。搭设支架应保证有足够的刚度和稳定性。

钢桥安装前，应对已就位的支座平面位置、高程进行复核，符合设计要求后，方可进行安装。钢箱梁安装时，在钢箱梁节段两端搭设安装支架，其位置和高度应符合安装技术方案要求。钢混结合钢梁安装时，应根据钢梁的竖向曲线、设计起拱高度，以及受力状态，在钢梁的两端和中部适当位置搭设安装支架，其位置和高度应符合安装技术方案要求。钢桥安装过程中，每一节段就位完成后应立即测量其位置、高程和预拱度，不符合要求时应及时校正。

钢梁安装焊接施工时，应符合下列要求：

（1）杆件的现场焊接连接应按设计规定的顺序进行。设计未规定时，纵向宜从跨中向两端，横向宜从中线向两侧对称进行焊接。

（2）钢梁梁段间的焊接连接，应在梁段就位、固定并经检查合格后再进行施焊。施焊应按顶板、底板、纵隔板的顺序对称进行。梁段间的主焊缝经检验合格后，应按先对接后角接的顺序焊接 U 形肋、板肋等嵌补件。

（3）现场焊接前应对接头坡口、间隙和焊接板面高差进行检查，并应采用钢丝砂轮对焊缝除锈，并在除锈后 24h 内进行焊接施工。

（4）工地焊接时应设置防风、防雨设施，遮盖全部焊接处。工地焊接的环境要求为：风力应小于 5 级，温度应高于 5℃，相对湿度应小于 85％。在箱梁内焊接时应有通风防护安全措施。

3.3.2　钢梁现场涂装易锈蚀、脱落防治

防腐涂装材料除应满足设计的涂层体系要求外，还应符合《公路桥梁钢结构防腐涂装技术条件》JT/T 722 及国家相应产品标准。

钢桥安装连接完毕后，应对基体表面进行处理。将所有锐角边用砂轮打磨成曲率半径为 2mm 的圆角；对焊接飞溅物和吊耳等部位打磨光顺；对焊缝上深度 0.8mm 以上或宽度小于深度的咬边应补焊处理，并打磨光顺。用钢丝砂轮对钢桥现场涂装部位进行清理，使其达到 St3.0，同时清除焊渣、浮锈、油污、灰尘等杂物，保持涂装区域干净整洁。

涂装方案和工艺除符合设计图纸和《公路桥梁钢结构防腐涂装技术条件》JT/T 722 的规定外，还应符合下列要求：

（1）涂装施工时，表面不应有雨水或结露，相对湿度不得大于 80％；环境温度对环氧类漆不得低于 10℃，对水性无机富锌防锈底漆、聚氨酯漆和氟碳面漆不得低于 5℃。应避免在大风、雨雾天涂装施工。涂装后 4h 内应采取保护措施，避免遭受雨淋。

（2）对运输、安装过程中造成的涂层损伤，应对损伤部位进行表面处理，达到要求后按原设计涂层补涂各层涂料。

（3）现场涂装时，应按照工艺方案要求，逐层刷涂施工，并对干燥后的漆膜用超声波测厚仪进行检测，确保干漆膜厚度符合设计要求。

3.3.3　桥梁支座脱空、剪切变形过大防治

弯道桥、坡道桥、曲线桥、斜交桥及宽桥应作支座受力专项计算，依据计算结果选用合适支座，支座形式宜为圆形。计算柔性高墩支座时，还应考虑墩顶的转角、梁体的转角影响。当计算结果显示有支座脱空时，可采取增大墩身抗推刚度、限制墩顶转角位移、减小支座尺寸、加大支座橡胶层厚度等措施预防。

桥梁梁体采用钢筋混凝土楔形块作梁底局部调平时，应作楔形块专项设计。对于钢箱梁，应进行梁端配重设计；对于曲线钢箱梁，还宜采取支座预偏措施。

桥梁支座的规格、性能应符合设计要求，并满足《公路桥梁板式橡胶支座》JT/T 4 和《公路桥梁盆式支座》JT/T 391 的规定。桥梁支座进场前应检查产品质量合格证书、安装说明书、型式检验报告，并按相应产品标准进行外观检查和抽样检测，合格后方可使用。对有包装箱保护的支座，在安装前方可拆箱，不得随意拆卸支座上的固定件。

支座垫石表面应平整、清洁。支座在安装前，应对支座垫石的混凝土强度、平面位置、顶面高程、预留地脚螺栓孔和预埋钢垫板等进行复核检查，确认符合设计要求后方可进行安装。若垫石顶面高程稍有不足或不平整，宜用环氧砂浆找平。

球形支座、盆式橡胶支座宜按以下方式埋设地脚螺栓及预安装支座：在支座下座板四周用钢楔块支撑和调整支座水平，调整标高及纵、横向中线位置符合设计要求；用环

氧砂浆灌注地脚螺栓孔及支座底面垫层；环氧砂浆硬化后，拆除支座四角临时钢楔块，并用环氧砂浆填满楔块抽出的位置。

严格按照支座的产品说明书安装支座，支座上、下座板横向应对正，依据桥型、支座安装环境等，通过专项计算确定支座安装的纵向预偏量。

预制梁吊装就位、梁体间稳定联结后，应拆除支座上下钢板之间的限位连接板，解除约束，确保梁体能正常位移及转动。梁板安装后宜及时联结成整体并进行桥面铺装施工，以防止反拱过大造成支座脱空。

3.3.4　桥面伸缩缝不平顺、渗水、过渡段混凝土破损防治

伸缩缝结构设计应符合《公路桥涵设计通用规范》JTG D60 和《公路钢结构桥梁设计规范》JTG D64 的规定，并结合桥梁的环境、结构等特点等进行选型。

伸缩缝设计应充分考虑两端结构的支承方式，细化设计过渡段混凝土的长度、厚度、强度等级及材料、预埋件的位置及深度。伸缩缝的布置，应遵循以下原则：

（1）伸缩装置的布置应根据桥梁的总体布置和几何构造、纵坡、横坡、平面曲率、支座布置、三向位移的方向和量值等确定。

（2）当桥梁伸缩缝处的纵向水平位移小于 5mm，垂直位移小于 0.5mm 时，无需安装伸缩装置，可在接缝中设置弹性和防水的密封材料。

（3）弯桥伸缩装置应设置在曲率半径上，其沿桥梁轴线两侧不同点处的伸缩量应考虑平面曲率半径所引起的增大或减小量；对于模数式伸缩装置，在行车道外缘处的两中梁或中、边梁之间的最大宽度不得大于 80mm。

（4）桥梁凹形竖曲线的低点处，不宜设置伸缩装置。

伸缩缝安装槽填料采用混凝土时，应按以下规定执行：

（1）混凝土强度等级应大于桥面铺装混凝土，且不低于 C40。

（2）安装槽深度大于 250mm 时，填料可采用钢纤维混凝土，也可按下层为钢纤维混凝土，上层采用与桥面铺装相同的沥青混凝土（厚度不宜小于 70mm）的方式处理。

（3）安装槽混凝土应采用干硬性混凝土或掺加膨胀剂（如铝粉）的微膨胀混凝土；

桥面防水设计应符合《城市桥梁桥面防水工程技术规程》CJJ139 的规定。应做到全桥防水、排水构造的系统性、连续性。

伸缩缝装置安装前应对照设计要求、产品说明进行验收。伸缩缝装置与混凝土接触面不得进行喷铝、镀铝、浸铝、涂漆等处理。

伸缩缝宜采用后嵌法安装，即先铺桥面层，再切割出预留槽安装伸缩装置。后嵌法安装宜采用二次切边法施工，即第一次切边按设计伸缩缝边线向内缩 5cm 切边，待伸缩装置安装完成后再二次切边至设计宽度，以保证槽口切边整齐。

安装前应按设计和产品说明书要求检查锚固筋规格和间距、预留槽尺寸，确认符合设计要求，将预留槽内混凝土打毛且清扫干净，并涂防水胶黏材料。

伸缩装置的安装宽度，应按实际的安装温度计算确定。伸缩装置安装前应检查修正梁端预留缝的间隙，缝宽应符合设计要求，上下必须贯通，不得堵塞。伸缩装置应锚固可靠，浇筑锚固段（过渡段）混凝土时应采取措施防止堵塞梁端伸缩缝隙。安装时，

伸缩装置中心线与梁端间隙中心线应对正重合。伸缩装置顶面应与安装槽口顺接，用水平尺或板尺沿槽口方向，按 50cm 间隔检查、调整并作临时固定；随即穿放横向连接水平钢筋，将伸缩装置的锚固钢筋与梁板及桥台预埋钢筋同时焊牢。

新建桥梁的伸缩装置长度小于 12m 的，其模数式多缝中、边梁异型钢、单缝异型钢及整体梳齿板式伸缩装置不得进行工厂及工地的接长。新建桥梁的长度大于 12m 或旧桥换缝的伸缩装置，异型钢可以接长，但接头应错开，间距应大于 300mm；并且所有接头不应设在行车道内。

伸缩缝橡胶止水带应整条连续，端头随伸缩缝翘头向上弯折埋入防撞墙内部起挡水作用。伸缩缝橡胶止水带形成的凹槽应填充耐老化、无腐蚀的胶泥材料。

3.3.5 桥台台背沉降防治

台背填料应选择压缩性小、透水性好的填料，优先选择轻质填筑材料。受工期、环境限制，沉降不能在计划时间内达到稳定状态的，宜采取注浆补强方案。

当桥台基础处于低填、浅挖路基以及排水困难低端时，应采取防、排、截相结合的综合措施隔离地下水。桥面、桥台及支挡构造物应综合考虑，设置必要的桥面径流汇集引排系统和设施。顺接桥台的路基应采取坡面防护和坡面截水措施。

施工前应设置桥台周边截排水措施。施工宜先填筑路堤，待桥台路堤沉降达到设计要求的沉降速率后开挖桥台基础。

施工中应按规范要求进行桥台台后挖方路基施工，不得扰动原状地基。不良土质地段严格按设计、规范要求处理。台背、锥坡应同时分层回填压实，宜与路基路床同步填筑，逐层一次性填足并保证压实整修后能达到设计宽度要求。采用小型夯实机具时，分层压（夯）实厚度不宜大于 150mm。

3.3.6 后张法预应力管道灌浆不密实防治

后张法预应力管道灌浆宜采用真空辅助压浆工艺。

预应力管道的质量应符合《预应力混凝土桥梁用塑料波纹管》JT/T 529 和《预应力混凝土用金属波纹管》JG 225 的规定，并进行进场复检。

后张预应力管道压浆浆液配制应符合《预应力管道灌浆剂》GB/T 25182 的规定，其性能指标应满足《公路桥涵施工技术规范》JTG/T F50 的要求。

普通钢筋与预应力管道有干扰时，普通钢筋应避让预应力管道，确保管道线形顺滑。管道定位钢筋应与钢筋骨架可靠焊接。管道破损应予以修补或更换。

施工中应加强管道接头的密封处理。金属管道接头处的连接管宜采用大一个直径级别的同类管道，其长度宜为被连接管道内径的 5~7 倍。塑料波纹管应采用专用焊接机进行焊接或采用具有密封性能的塑料连接器连接。应加密管道接头处定位钢筋，以限制接头处产生角度变化及在混凝土浇筑期间发生管道的转动或移位，将接头缝隙封闭缠裹紧密，确保浇筑时不渗漏和抽真空时不漏气。

为了防止预应力管道漏浆造成堵管，管道内宜加套软塑胶管做衬管，待混凝土浇筑后及时拔出。

预应力筋穿束后，应采取可靠措施封口，可采用棉布填堵或用封口胶封闭管道端头与钢绞线之间的空隙，槽口应遮盖避免积水，防止水或其他杂物进入管道。

安装锚环前须将锚垫板和混凝土端面清理干净，尤其是锚垫板槽口内，并用清洁水对管道进行冲洗。冲洗后，应使用不含油的压缩空气将管道内的所有积水吹出，保证压浆管道通顺、洁净。

真空泵、压力表、三通管、进排浆口、排气口、废浆口与管路连接应紧密可靠，锚头封堵严密，使管道内达到 −0.06 ～ −0.10MPa 的真空度。当曲线管道的高差大于 0.5m 时，在孔道峰顶处应设置排气管（兼检查孔）及阀门。

浆液配合比、流动度、泌水率应达到技术要求指标。压浆的压力宜为 0.5～0.7MPa，当管道较长或采用一次压浆时，最大压力不宜超过 1.0MPa。压浆工作应缓慢匀速进行，不得中断。排气应通畅，在出浆口冒出浓浆，封闭排气孔后，稳压 3～5min 再停止压浆。宜先压下层管道，后压上层管道。压浆后应通过检查孔抽查压浆的密实情况，如有不实，应及时进行补压浆处理。特殊情况下，压浆孔、排水孔、排气孔可互换用于补压浆。

3.4 地下工程

3.4.1 混凝土结构变形缝、施工缝渗漏水防治

设计时应按《地下工程防水技术规范》GB 50108 进行防水设计。变形缝钢板止水带与墙体箍筋交接节点宜做固定措施专项设计。

橡胶止水带、钢板止水带及止水条的规格型号应符合设计图纸要求，材料进场后应进行外观质量、尺寸偏差及物理性能检验，检验结果应符合《高分子防水材料第 2 部分：止水带》GB 18173.2 及《地下工程防水技术规范》GB 50108 的相关要求。橡胶止水带如有破损，应修补或更换。钢板止水带焊缝饱满严密，无夹渣、沙眼，无烧伤、咬边现象。膨胀止水条运输、贮存不得受潮、沾水。使用时，应防止先期受水浸泡膨胀。

变形缝处防水施工时，应符合以下要求：

（1）中埋式橡胶或塑料止水带，应埋设在变形缝横截面的中心线处，填缝板应对准圆环中心，结构表面用密封胶嵌缝，如图 3-5 所示。

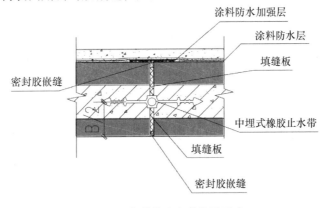

图 3-5 变形缝止水带位置示意

（2）止水带接长时，其接头应设在边墙较高位置，不得设在结构转角处；中埋式止水带的接缝橡胶或塑料止水条接头应重叠搭接后再黏结固定，搭接长度不小于 50mm；钢板止水带搭接长度为宜为 50～100mm；接缝应平整、牢固，不得有裂口和脱胶现象。

（3）止水带应安设专用固定架确保其位置固定可靠且正确。止水带在转角处宜采用直角专用配件，如图 3-6 所示。

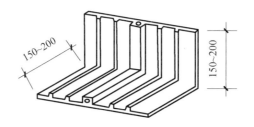

图 3-6　外贴式止水带在转角处的直角配件示意

（4）变形缝迎水面采用外贴式止水带时，其中间空心环应与变形缝的中心线重合，搭接方式及搭接长度应符合设计要求，黏结应牢固。

（5）变形缝两侧混凝土，应分层浇筑，并用振动器分层振捣密实，不应漏振或过振，振动器不得碰撞止水带。

（6）变形缝内两侧基面应平整、光洁、干燥，不得有蜂窝、麻面、起皮或起砂现象；嵌填的密封材料表面应平滑，缝边应顺直，无凹凸不平现象，嵌缝充填应连续、饱满，并黏结牢固。

施工缝处防水施工时，应符合以下要求：

（1）清理施工缝表面浮粒及松散混凝土，凿毛后用水冲洗干净，但不得有积水。

（2）混凝土应采用补偿收缩混凝土，其膨胀剂掺量应满足《地下工程防水技术规范》GB 50108 的要求，配合比计量准确。

（3）在支模和绑扎钢筋过程中，掉入缝内的锯末、铁钉等杂物应及时清除。

（4）钢板止水带位置、埋深等必须符合设计要求，如设计无要求，止水钢板位置应为所在结构部位截面的中间位置，埋深应为止水钢板宽度的中间值，止水钢板折边所形成的凹面应朝向迎水面，如图 3-7 所示。

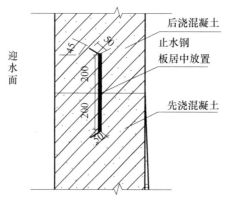

图 3-7　钢板止水带位置示意

（5）浇筑上层混凝土前，木模润湿后，先在施工缝处浇一层与混凝土等强度的水泥砂浆，增强新旧混凝土的黏结。

（6）高于 2m 的墙体，宜用串筒或振动溜管下料，施工缝处混凝土要仔细振捣，保证混凝土的密实度；对于水平止水带下混凝土浇筑难以密实的部位，应采用小型振捣棒振捣密实，振捣棒不得触动止水带，以免破坏止水带。

后浇带处防水施工时，应符合以下要求：

（1）后浇带混凝土所用水泥、外加剂、粉煤灰应做相容性检测，结果应满足设计及规范要求。

（2）后浇带两侧混凝土龄期满足设计规定，设计未规定时应不少于 60d，两侧混凝土收缩徐变基本稳定后再进行后浇带施工。

（3）后浇带两侧宜用木模封缝，减少混凝土水泥浆流失。

（4）浇筑混凝土前，用钢丝刷除去钢筋或钢板止水带上的锈皮，压力水冲洗后，用压缩空气清除积液和灰渣，其后在接触部位涂刷一层与混凝土同品种的水泥浆。

（5）混凝土浇筑时应连续作业，并用插入式振动器振捣密实，不得触碰止水条；混凝土表面宜二次收浆压平。

（6）混凝土接近终凝时，宜覆盖塑料薄膜，充分洒水养护 28d。

预制拼装接缝防水施工时，应符合以下要求：

（1）预制构件接缝应采用防水性能、相容性能、耐候性能和耐老化性能优良的硅酮防水密封胶作嵌缝材料，缝宽不宜大于 20mm，嵌缝深度不宜小于 20mm。

（2）大型预制构件基础承载力应满足设计规定，不满足时应做加强处理。

（3）大型预制构件安放前应检查垫层平整度，其结果应满足设计及规范要求。

（4）预制构件拼接前应检查企口接头混凝土是否有缺棱掉角、破损、蜂窝麻面等外观缺陷，如有则应修补或更换。

（5）接缝涂胶前需将接缝处混凝土表面的污迹、杂物、隔离剂清理干净。

（6）涂胶宜快速、均匀，并采用双面涂胶，每个面涂胶厚度以满布企口为宜，厚度不足应再次进行施胶，保证涂胶厚度。

第4章 装配式混凝土结构施工质量安全控制

4.1 概述

装配式混凝土结构施工单位应具备相应的资质，并建立完善的质量和安全生产管理体系。预制构件生产企业应具备相应的生产工艺设施和必要的试验检测手段。施工单位应当对相关管理人员、预制构件吊装及连接灌浆等作业人员进行技术培训。

预制构件生产前，应进行施工图深化设计。其深度应满足建筑、结构和机电设备等各专业以及构件制作、运输、安装等各环节的综合要求。

装配式混凝土结构施工图深化设计和施工应采用建筑信息模型（BIM）技术。施工图深化设计主要有以下内容：

（1）预制构件的连接方式和材料；

（2）预制构件连接钢筋的位置、尺寸与形状；

（3）注浆孔、出浆孔和排气孔的直径、位置；

（4）预制外墙板的接缝构造和防水处理措施；

（5）夹芯外墙板的拉结件布置图与保温板排版图；

（6）外墙饰面材料的类别、规格、尺寸和连接构造；

（7）预埋管线的规格及布置；

（8）预埋件（板）、预留孔的规格和位置；

（9）预制构件吊环的规格和吊点位置；

（10）预制构件临时支撑点的位置及固定措施；

（11）预制构件与塔吊、施工电梯等附着装置连接的位置与固定措施。

预制构件深化设计图纸应经原设计单位签章或会签，并按规定进行施工图审查。

装配式混凝土结构施工前，施工单位应编制包括以下主要内容的施工专项方案：

（1）模板及支架的安装和拆除；

（2）钢筋连接与安装；

（3）预制构件的堆放、吊运、安装和成品保护；

（4）预制构件的节点连接；

（5）混凝土浇捣；

（6）外脚手架安装和拆除；

（7）质量管理及安全文明施工。

施工专项方案编制后，经企业技术负责人审批同意，报监理机构（建设单位）审查，总监理工程师（建设单位项目负责人）签字批准后实施。

采用新材料、新设备、新工艺的装配式建筑专用的施工操作平台、高处临边作业的防护设施及超过一定规模的危险性较大的分部分项工程施工专项方案应按规定进行专家论证。

装配式混凝土结构施工的下列关键工序应进行样板施工：

（1）有代表性的单元或部位的预制构件固定安装、灌浆连接和密封处理；

（2）现浇结构与预制构件连接节点的模板安装、钢筋连接和混凝土浇捣；

（3）在现浇结构中预埋的定位连接钢筋；

（4）外墙预制构件的接缝处理。

施工单位应根据样板施工的情况及时调整完善施工方案和施工工艺。

装配式混凝土结构隐蔽工程的施工应有影像资料。装配式混凝土结构施工过程中的构件和成品保护应符合施工专项方案的要求，防止构件损坏或污染。装配式混凝土结构的质量验收除应符合《装配式混凝土结构技术规程》JGJ 1 外，尚应符合国家现行标准《混凝土结构工程施工质量验收规范》GB 50204 的要求。

4.2　材料控制

装配式混凝土结构使用的材料、试件、试块应按《混凝土结构工程施工质量验收规范》GB 50204《装配式混凝土结构技术规程》JGJ 1 及相应的国家现行标准进行见证取样检验。钢筋和钢材的规格、型号、力学性能指标等应符合国家现行标准和设计的要求。混凝土的强度等级和耐久性应符合设计要求。钢筋焊接网应符合现行行业标准《钢筋焊接网混凝土结构技术规程》JGJ 114 的规定。预制构件的吊环应采用未经冷加工的 HPB300 级钢筋制作，吊装用内埋式螺母或吊杆的材料应符合设计要求和国家现行标准的规定。钢筋套筒灌浆连接接头采用的套筒应符合现行行业标准《钢筋连接用灌浆套筒》JG/T 398 的规定。钢筋套筒灌浆连接接头采用的灌浆料应符合现行行业标准《钢筋连接用套筒灌浆料》JG/T 408 的规定。钢筋锚固板的材料应符合现行行业标准《钢筋锚固板应用技术规程》JGJ 256 的规定。预制构件和现浇结构的模板应选用不影响构件结构性能和装饰工程施工的隔离剂。受力预埋件的锚板及锚筋材料应符合设计要求。专用预埋件及连接件材料应符合国家现行标准的规定。连接用焊接材料，螺栓，锚栓和铆钉等紧固件的材料应符合国家现行标准《钢结构工程施工质量验收规范》GB 50205《钢结构焊接规范》GB 50661《钢筋焊接及验收规程》JGJ 18 等的规定。

夹芯外墙板中内外叶墙板的连接件应符合下列规定：

（1）金属及非金属材料连接件应采用防腐性能强的材料；连接件的规格、承载力、变形和耐久性能，应符合设计要求并经过试验验证；

（2）连接件应满足夹芯外墙板的节能设计要求。

外墙板接缝处的密封材料应符合下列规定：

（1）密封胶应与混凝土具有相容性，以及规定的抗剪切和伸缩变形能力；密封胶尚应具有防霉、防水、防火、耐候等性能；

（2）硅酮、聚氨酯、聚硫建筑密封胶应分别符合国家现行标准《硅酮建筑密封胶》GB/T 14683、《聚氨酯建筑密封胶》JC/T 482、《聚硫建筑密封胶》JC/T 483 的规定；

（3）夹芯外墙板接缝处填充用保温材料的燃烧性能应满足国家标准《建筑材料及制品燃烧性能分级》GB 8624—2012 中 A 级的要求；

（4）水平接缝应采用相应的灌浆料封闭。

4.3　预制构件制作与运输

预制构件制作前，生产企业应对其技术要求和质量标准进行技术交底，并制订生产方案。

钢筋套筒灌装连接接头应在构件生产前进行抗拉强度试验，每种规格的连接接头试件数量不应少于 3 个。

预制构件混凝土浇筑前，应按设计要求对隐蔽工程进行验收，验收合格后，才能进行混凝土施工。验收项目应包括下列主要内容：

（1）钢筋的牌号、规格、数量、位置、间距等；

（2）纵向受力钢筋的连接方式、接头位置、接头质量、接头面积百分率、搭接长度等；

（3）箍筋弯钩的弯折角度及平直段长度；

（4）预埋件、吊环、插筋的规格、数量、位置等；

（5）灌浆套筒（预留孔洞）的规格、数量、位置等；

（6）防止混凝土浇捣时向灌浆套筒内漏浆的封堵措施；

（7）钢筋的混凝土保护层厚度；

（8）夹芯外墙板的保温层位置、厚度，拉结件的规格、数量、位置等；

（9）预埋管线、线盒的规格、数量、位置及固定措施；

（10）隐蔽工程检查合格后，应签署书面记录，并有完整的影像资料。

预制构件模具尺寸的允许偏差和检验方法应符合设计要求，当设计无要求时，模具尺寸的允许偏差应符合表4-1的规定。

表4-1　预制构件模具尺寸的允许偏差和检验方法

项次	检查项目及内容		允许偏差（mm）	检验方法
1	长度	≤6m	1，−2	用钢尺量平行构件高度方向，取其中偏差绝对值较大处
		>6m 且≤12m	2，−4	
		>12m	3，−5	
2	截面尺寸	端板	1，−2	用钢尺测量两端或中部，取其中偏差绝对值较大处
3		其他构件	2，−4	
4	对角线差		3	用钢尺量纵、横两个方向对角线
5	侧向弯曲		1/1500 且≤5	拉线，用钢尺量侧向弯曲最大处

续表

项次	检查项目及内容	允许偏差（mm）	检验方法
6	组曲	1/1500	对角拉线测量交点间距高值的两倍
7	底模平面平整度	2	用2m 靠尺和塞尺量
8	组装缝隙	1	用塞片或塞尺量
9	端模与侧模高低差	1	用钢尺量

固定在模具上的预埋件、预留孔洞中心位置的允许偏差应符合表4-2 的规定。

表 4-2　模具预埋件、预留孔洞中心位量的允许偏差

项次	检验项目及内容	允许偏差（mm）	检验方法
1	预埋件、插筋、吊环、预留孔洞中心线位置	3	用钢尺量
2	预埋螺栓、螺母中心线位置	2	用钢尺量
3	灌装套筒中心线位置	1	用钢尺量

注：检查中心线位置时，应沿纵、横两个方向量测，并取其中的较大值。

采用后浇混凝土或砂浆、灌浆料连接的预制构件结合面，制作时应按设计要求进行粗糙面处理。

预制混凝土构件的制作和养护应符合《装配式混凝土结构技术规程》JGJ 1、《装配式混凝土建筑技术标准》GB/T 51231、《混凝土结构工程施工规范》GB 50666 和《混凝土结构工程施工质量验收规范》GB 50204 的规定以及设计和生产方案的要求。预制构件出厂前，生产企业应对构件质量进行检查，检查合格后，方能出厂。预制构件应按设计要求和现行国家标准《混凝土结构工程施工质量验收规范》GB 50204 的有关规定进行结构性能检验。陶瓷类装饰面砖与构件基面的黏结强度应符合现行行业标准《建筑工程饰面砖粘结强度检验标准》JGJ 110 和《外墙面砖工程施工及验收规范》JGJ 126 等的规定。预制构件的外观质量不应有严重缺陷，对出现的一般缺陷，应按技术方案进行处理，并重新检验达到合格标准。

预制构件检查合格后，应在构件上设置表面标识，表面标识宜采用信息技术。标识包括下列主要内容：

（1）构件编号和制作日期；

（2）质量等级（合格状态）；

（3）生产单位等信息；

（4）混凝土强度等级；

（5）构件的重量和起吊点；

（6）注浆孔、出浆孔和排气孔；

（7）安装临时固定点。

预制构件出厂时，应提供产品清单、合格证、预埋灌浆套筒工艺检验和抗拉强度检验报告、结构性能检测报告、混凝土强度报告、保温材料性能检测报告、装饰面砖的黏结强度报告和夹芯外墙拉结件性能的试验验证报告。

预制构件的运输时间、次序和线路应满足施工组织的要求。对于超高、超宽或形状

77

特殊的大型构件运输，应有专门的质量安全保证措施。预制构件的运输车辆应满足构件尺寸和载重要求，装卸与运输时应符合下列规定：

（1）装载构件时，应采取保证车体平衡的措施；

（2）运输构件时，应有防止构件移动、倾倒、变形等的固定措施；

（3）运输构件时，应采取防止构件损坏的措施，对构件的边、角部位，门窗框或链索接触处的混凝土，有相应的保护措施；

（4）应对构件的外露钢筋、灌浆套筒分别采取包裹、封盖措施。

墙板运输过程中其堆放应符合下列规定：

（1）当采用靠放架堆放时，靠放架应具有足够的承载力和刚度，与地面的倾斜度宜大于80°；墙板应对称靠放且外饰面朝外，构件上部采用木垫块或柔性材料隔离；

（2）当采用插放架堆放时，应采取直立方式；插放架应有足够的承载力和刚度，并支垫稳固；

（3）采用叠层平放的方式堆放时，应采取防止构件产生裂缝的措施。

4.4 施工过程控制

4.4.1 施工准备

装配式混凝土结构的预制结构构件、模板、钢筋、混凝土等分项工程施工前，技术负责人应对专项施工方案中的技术要求和质量标准进行交底。

施工现场的道路应满足预制构件运输的要求。施工现场的堆放场地应平整、坚实，有良好的排水措施，满足构件周转使用的要求。堆放场地应设置在吊车工作范围内，并有构件起吊、翻转的操作空间；卸放、吊运区域内不得有障碍物。预制构件的堆放应符合下列规定：

（1）预制构件应按品种、规格、所用部位、出厂日期和吊装顺序分别堆放；

（2）预埋吊钩应朝上，标识朝向堆垛间的通道；

（3）构件支垫应坚实，垫块在构件下的位置宜与脱模、吊装时的起吊位置一致；

（4）重叠堆放时，每层构件的垫块应上下对齐，堆垛层数应根据构件、垫块的承载力确定，并根据需要采取防止倾覆的措施；

（5）墙板堆放应符合前文"墙板运输过程中堆放要求"的规定。

预制构件进场后应进行验收，构件的允许尺寸偏差及检验方法应符合表4-3的规定。

表4-3 预制构件尺寸允许偏差及检验方法

项目			允许偏差（mm）	检验方法
长度	楼板、梁、柱、桁架	<12m	±5	尺量
		≥12m且<18m	±10	
		≥18m	±20	
	墙板		±4	

续表

项目		允许偏差（mm）	检验方法
宽度、高（厚）度	楼板、梁、柱、桁架	±5	尺最一端及中部，取其中偏差绝对值
	墙板	±4	
表面平整度	楼板、梁、柱、墙板内表面	5	2m 靠尺和塞尺量测
	墙板外边面	3	
侧向弯曲	楼板、梁、柱	$L/750$ 且 ≤ 20	拉线、直尺量测，最大侧向弯曲处
	墙板、桁架	$L/1000$ 且 ≤ 20	
翘曲	楼板	$L/750$	调平尺在两端量测
	墙板	$L/1000$	
对角线	楼板	10	尺量两个对角线
	墙板	5	
预留孔	中心线位置	5	尺量
	孔尺寸	±5	
预留洞	中心线位置	10	尺量
	洞口尺寸、深度	±10	
预埋件	顶埋板中心线位置	5	尺量
	预埋板与混凝土面平面高差	0，−5	
	预埋螺栓	2	
	预埋螺栓外露长度	+10，−5	
	预埋套筒、螺母中心线位置	2	

注：1. L 为构件长度，单位为 mm；

2. 检查中心线、螺栓和孔道位置偏差时，沿纵、横两个方向量测，并取其中偏差较大值。

核对已完成结构的混凝土强度、外观质量、尺寸偏差等符合现行国家标准《混凝土结构工程施工规范》GB 50666《装配式混凝土结构技术规程》JGJ 1 的有关规定。核对预制构件的混凝土强度及预制构件和配件的型号、规格、数量等符合设计要求。设计未规定时，预制构件的混凝土强度应大于设计强度的 75%。固定在预制墙板上的脚手架，应对墙板的强度和刚度进行验算。

脚手架安装前，板的底部灌浆料强度达到 35N/mm² 后，方可进行对接头有扰动的后续施工。脚手架固定螺栓与墙板之间应同时设置钢制和柔性垫片。

构件安装前应进行测量放线、设置构件安装定位标识，复核构件的装配位置、节点连接构造及临时支撑措施等。标注连接钢筋插入构件套筒的最小锚固长度。复核灌浆料、焊接材料、紧固件、防水和密封材料等符合现行国家标准和设计要求。

检查并复核吊装设备及吊具处于安全操作状态。

（1）起重吊装设备的选型应根据构件的重量、起吊高度、吊装半径及周边环境确定；

（2）汽车起重机进行的作业场地和行走道路的承载力、平整度及安全距离应符合要求；

（3）通过吊钩起重吊装时，钢丝绳的安全系数不应小于6。

构件起吊前应制定具体的安装顺序、吊装路线和构件防撞措施，核实现场环境、天气、道路状况等满足吊装施工要求。

4.4.2　模板和支撑体系

装配式结构混凝土模板及支撑的安装、拆除和允许偏差应满足《混凝土结构工程施工规范》GB 50666《混凝土结构工程施工质量验收规范》GB 50204 的相关规定或设计要求。

安装模板时，应进行测量放线，并采取保证模板位置准确的定位措施。模板及支架应编制施工专项方案，满足承载力、刚度和整体稳定性的要求。

预制叠合梁、板的竖向支撑宜选用工具式支撑体系和可调托座。竖向支撑架宜与周边其他支撑架形成一体。

预制构件连接部位后浇混凝土的模板宜选择定型模板或采用标准定型连接方式及产品。后浇混凝土利用构件做模板时，应有保证构件强度和稳定的构造措施。

预制混凝土梁的两端与板的边缘必须设置支撑，且每个构件的支撑不应少于两道。在满足计算确定的条件下，支撑立杆的间距不大于2m。

预制阳台板、空调板等悬挑构件的支撑应设置斜撑等构造措施，并与结构墙体有可靠的刚性拉结。

预制构件的支撑拆除时，除满足混凝土结构设计强度外，还应保证该结构上部构件通过支撑传递下来的荷载。

4.4.3　构件安装

起重机械作业前，应例行检查和试吊，确认机械性能良好。未经设计允许不得对预制构件进行切割或开洞。预制构件安装前，应清理结合部，并依据设计图纸进行检查和复核下列重点内容：

（1）套筒、预留孔的规格、位置、数量，套筒和预留孔内无杂物；

（2）套筒深度应大于连接钢筋的锚固长度，连接钢筋的锚固长度不小于8d；

（3）连接钢筋的规格、数量、位置和长度；

（4）防水材料的规格、型号、数量、位置和安装质量符合设计要求；

（5）座浆料均匀、饱满，强度符合设计要求。设计无要求时，座浆料的强度应≥M15，厚度不大于20mm。

预制墙板、柱的底部应设置可调整接缝厚度和底部标高的钢垫片。预制构件在安装过程中应根据水准点和轴线校正位置，安装就位后方可进行脱钩并及时采取临时固定措施。

预制墙板安装的临时支撑应符合下列要求：

（1）每个构件的临时支撑在垂直和水平方向均不宜少于2道；

（2）墙板上部斜支撑的支撑点距离底部的距离不宜小于高度的2/3，且不应小于高度的1/2；

（3）可以对安装就位构件的位置和垂直度进行微调。

预制构件的搁置长度应符合设计要求，端部与支承构件应座浆或设置支承垫块，座浆或支承垫块的厚度不大于 20mm。

预制楼梯安装前应对安装位置进行测量定位，并标记梯段上、下安装部位的水平位置与垂直位置的控制线。设计未规定时，预制楼梯在支承构件上的搁置长度不应小于75mm。据控制线位置调整预制楼梯的垫片高度，并在梯梁支撑部位铺设水泥砂浆找平层。水泥砂浆的强度应符合设计要求，并不低于 M15。

预制梯段就位后，应进行位置校正和吊装工序验收。吊装工序验收合格后先进行固定端施工，再进行滑动铰端施工。

4.4.4　灌浆

灌浆施工的环境温度低于 5℃ 时不宜施工，低于 0℃ 时不得施工；当环境温度高于30℃ 时，应根据灌浆料产品说明书的要求采取降低灌浆料拌和物温度的措施。套筒灌浆连接应采用由接头型式检验确定并相匹配的灌浆套筒和灌浆料。钢筋套筒灌浆前，应在现场模拟构件连接接头的灌浆方式进行灌注质量及接头抗拉强度的检验。检验数量为同一批号、同一类型、同一规格的灌浆套筒，每 1000 个为一批，每批随机抽取 3 个套筒制作灌浆连接接头试件。连接钢筋的位置、规格、数量和长度应符合设计要求。连接钢筋偏离套筒或孔洞中心线小于 5mm，孔内清理干净。构件接缝周围或灌浆套筒与钢筋之间缝隙防止漏浆的封堵措施应符合设计和专项施工方案的要求。灌浆应从钢筋套筒的注浆孔注入，并在浆体从出浆孔流出后及时封堵。灌浆料宜在加水后 30min 内用完。灌浆料同条件养护试件抗压强度达到 $35N/mm^2$ 后，方可进行对接头有扰动的后续施工。

4.4.5　钢筋工程

装配式结构钢筋工程的施工应符合《混凝土结构工程施工规范》GB 50666 的规定和设计要求。装配式混凝土结构中的节点及接缝处的纵向钢筋的连接方式应符合设计要求。受力钢筋的牌号、规格、数量和位置必须符合设计要求。箍筋、横向钢筋、附加钢筋的牌号、规格、数量、间距、位置及长度，箍筋弯钩的弯折角度应符合设计要求。预制构件与现浇构件、预制构件与预制构件之间的钢筋连接方式、接头位置、接头质量、接头面积百分率、搭接长度、锚固方式及锚固长度应符合设计要求。纵向钢筋的套筒灌浆连接接头应满足《钢筋机械连接技术规程》JGJ 107 中 I 级接头的性能要求，并应符合国家现行有关标准的规定。

4.4.6　后浇混凝土

装配式结构混凝土施工应满足《混凝土结构工程施工规范》GB 50666《混凝土结构工程施工质量验收规范》GB 50204 的相关规定和设计要求。

装配式结构的后浇混凝土部位在浇筑前应进行隐蔽工程验收。

混凝土施工时，模板、叠合板上的混凝土和施工荷载应均匀布设，严禁超载。

后浇混凝土的施工应符合下列规定：

《工程质量安全手册（试行）》应用实务

（1）预制构件结合面粗糙度质量应符合设计要求，疏松部分的混凝土应剔除并清理干净；

（2）在浇筑混凝土前应洒水润湿结合面，混凝土应振捣密实；

（3）同一配合比的混凝土，每工作班且浇捣不超过 $100m^3$ 应制作一组标准养护试件；连续浇捣超过 $1000m^3$ 时，每 $200m^3$，应制作一组标准养护试件；每一楼层应制作不少于 1 组标准养护试件和 1 组同条件养护试件。

4.4.7　外墙防水

防水材料的品种和规格应符合设计要求。外墙预制构件、门窗的连接节点防水施工应符合设计和施工专项方案的要求。外墙板下边缘的混凝土部分（高低缝）应完整，无裂缝和缺损。外墙板接缝防水施工应符合下列规定：

（1）底部的灌浆料应饱满，强度符合设计要求；

（2）防水施工前，应将板缝空腔清理干净；

（3）应按设计要求填塞背衬材料；

（4）密封材料嵌填应饱满、密实、均匀、顺直、表面平滑，厚度符合设计要求。防水施工完成后，应进行淋水试验。

4.5　检测

涉及装配式结构安全的重要部位应进行结构实体检验。结构实体检验的内容包括预制构件结构性能检验和装配式结构连接性能检验两部分。预制构件结构性能检验内容应符合《混凝土结构工程施工质量验收规范》GB 50204 附录 B、C 的要求。

装配式结构连接性能检验包括下列内容：

（1）连接节点部位的后浇混凝土强度；

（2）钢筋套筒连接灌注浆体强度；

（3）构件接缝部位灌注浆体强度；

（4）钢筋保护层厚度；

（5）工程合同约定的其他项目。

后浇混凝土或灌注浆体的强度检验，应以在浇注地点制备并与结构实体同条件养护的试件强度为依据，也可按国家现行标准规定采用非破损或局部破损的检测方法检测。

装配式混凝土结构检测内容应符合设计要求。设计未规定时，应符合表4-4 的要求。

表4-4　装配式混凝土结构检测项目表

序号	检测项目	取样数量（个/批）	检测方法（参考规范）	评定标准（参考规范）
1	钢筋质量与性能	同一厂家、同一牌号、同一规格、同一出厂检验批	《混凝土结构工程施工质量验收规范》（GB 50204）5.2.1 见证取样	GB 1499.1 GB 1499.2 GB/T 1499.3 GB 13014

续表

序号	检测项目	取样数量（个/批）	检测方法（参考规范）	评定标准（参考规范）
2	灌浆料质量与性能	15 天内生产的同配方、同批号原材料的产品，50T 为一生产批号	《钢筋连接用套筒灌浆料》（JG/T 408）7.3、《水泥取样方法》（GB 12573）	JG/T 408
3	灌浆套筒质量与性能	同批号、同规格、同类型每 1000 个为一批，随机抽取 10 个	《钢筋连接用灌浆套筒》（JG/T 398、JGJ 355），检查型式检验报告、外观质量、标识和尺寸偏差	JG/T 398 JGJ 355
4	密封胶质量与性能	同一品种、同一类型 5T（10T）为一批，单组分随机抽取 3 个包箱，每箱抽取 2～3 支；桶装按 GB 3186 规定抽取 4kg	《硅酮建筑密封胶》（GB/T 14683）、《聚氨酯建筑密封胶》（JC/T 482）、《聚硫建筑密封胶》（JC/T 483）	GB/T 14683 JC/T 482 JC/T 483
5*	套筒灌浆连接时接头质量、强度	同批号、同规格、同类型每 1000 个为一批，随机抽取 3 个	《装配式混凝土结构技术规程》（JGJ 1）11.1.4 见证取样	JGJ 107 JGJ 355
6	机械连接时钢筋接头质量	同一批材料的同等级、同型式、同规格接头，500 个为一个验收批，抽取 10% 进行拧紧扭矩校核，随机抽取 3 个抗拉试验	检查钢筋机械连接施工记录及见证取样试件强度试验报告	JGJ 107
7	焊接连接时钢筋接头质量	二层楼面中 300 个同牌号钢筋、同型式接头为一批，随机抽取 3 个。装配式结构按生产条件每批轴 3 个	检查钢筋焊接施工记录及见证取样试件强度	JGJ 18
8	后浇混凝土强度	同一配合比，每工作班且建筑面积不超过 1000m² 为一组；同一楼层不少于 3 组标养试块	《装配式混凝土结构技术规程》（JGJ 1）12.3.7 见证取样	混凝土强度应达到设计要求《混凝土强度检验评定标准》（GB/T 50107）
9	灌浆料强度	每工作班 1 组且每层不少于 3 组 40×40×160mm 试件	检查灌浆施工质量检查记录、灌浆料强度试验报告及评定记录见证取样	JGJ 1 灌浆应饱满、密实，所有出口均应出浆：强度满足设计要求

续表

序号	检测项目	取样数量（个/批）	检测方法（参考规范）	评定标准（参考规范）
10	构件底部座浆强度	每工作班1组且每层不少于3组70.7mm×70.7mm×70.7mm试件	检查座浆材料强度试验报告及评定记录见证取样	JGJ 1
11	预制构件安装后的尺寸偏差	GB 50204第9.3.9条规定	《混凝土结构工程施工质量验收规范》（GB 50204）第9.3.9条规定尺量	《混凝土结构工程施工质量验收规范》（GB 50204）9.3.9
12	预制构件结构性能（进场构件检测附录B）	（GB 50204）第9.2.2条规定	《混凝土结构工程施工质量验收规范》（GB 50204）附录B、C	（GB 50204）附录B
13	外墙板接缝防水	每1000m²为一个检验批，每检验批每100m²至少检查一处，每处不少于10m²	《装配式混凝土结构技术规程》（JGJ 1）淋水试验	不应渗漏

＊注：埋入预制构件的灌浆套筒应在构件生产前进行工艺检验，其余在构件生产过程中完成，施工现场仅做灌浆料28d强度检验；不埋入预制构件的灌浆套筒应在施工现场初次灌浆施工前进行工艺检验，可与第一批检验合并，其余在套筒灌浆施工过程中完成。

第5章 施工现场安全防护

5.1 概述

施工单位应结合工程的实际情况编制施工现场安全防护专项方案和应急救援预案，并应严格执行。在施工前施工单位应向现场管理人员、操作人员进行安全教育和安全技术交底，并形成书面记录，交底方和全体被交底人员应在交底文件上签字确认，并归档。特种作业人员应经过专业技术培训并持证上岗。

由于工作需要，临时拆除或变动安全防护设施时有发生，为此应采取可靠的补救措施和管理措施，同时成立一个独立的作业班组专门从事安全防护设施的搭拆工作，更有利于安全防护设施的管理，减少安全防护设施拆除后不能及时恢复的情况发生。临时拆除或变动安全防护设施时，必须经过施工负责人同意，且采取相应的可靠措施，作业后应立即恢复。

施工现场出入口处宜设置门禁监控系统，人员宜持门禁卡出入。施工现场宜设置视频监控系统，安装视频监控摄像头数量和位置宜满足覆盖整个作业面和清晰可视等监控要求。

为落实总、分包单位在安全防护方面的安全责任，总承包单位应与分包单位就分包工程签订安全管理协议书，明确双方的工作内容、职责、权利。

进入施工区域的所有人员，必须正确佩戴安全帽，并系好下颌带。安全帽质量应符合现行国家标准《安全帽》GB 2811 规定。高处作业必须使用安全带，安全带应符合现行国家标准《安全带》GB 6095 规定。安全网应符合现行国家标准《安全网》GB 5725 规定。用于防止坠落、物体打击等的阻燃型平（立）网的续燃、阻燃时间不应大于 4s，外观要求缝线无跳针、断纱缺陷。

5.2 基础工程与边坡防护

施工单位应掌握施工现场已有地下（上）管线和地下工程资料；制订保证周边建（构）筑物、地下（上）和地下工程安全的防护措施；施工区域应设置排水系统和设施。

5.2.1 基坑工程

开挖深度超过 2m 的基坑周边必须安装防护栏杆。防护栏杆应符合下列要求：
（1）防护栏杆应安装牢固，应能抵抗 1kN 的水平冲击力；

（2）防护栏杆高度不应低于1.2m；

（3）防护栏杆应由横杆及栏杆柱组成；横杆应设2~3道，间距不宜大于0.6m；下杆离地高度宜为0.5~0.6m，上杆离地高度宜为1.0~1.2m；栏杆柱间距不应大于2m，离坡边距离不应小于0.5m；

（4）防护栏杆应加挂密目安全网和挡脚板，安全网应自上而下封闭设置；挡脚板高度不应小于180mm，挡脚板下沿离地高度不应大于10mm。

基坑施工应根据土质和深度情况按规定放坡或采取固壁措施。

基坑内应设置人员上下坡道或专用梯道，梯道应设扶手栏杆，梯道的宽度不应小于1m；梯步踏面、踢面应均匀一致，踏面宽度不宜小于250mm，踢面高度不宜大于300mm。

5.2.2 桩基工程

人工挖孔桩施工的主要危险源有：高处坠落、物体打击、坍塌、窒息或中毒，因此挖孔桩必须制订防止坠人、落物、坍塌、人员窒息等安全措施和应急预案，并配备防毒面罩。

挖孔桩应采用混凝土护壁，其强度、配筋等应进行设计及验算；混凝土达到规定强度和养护时间后，方可进行下层土方开挖。挖孔桩孔口四周必须安装防护栏杆，防护栏杆应符合前文所述对防护栏杆的要求，桩口应设置200mm高的井圈，并搭设防护棚。

人工挖孔桩开挖时，宜采用加盖的吊桶吊运渣土，绞轴、吊绳和吊桶的连接应安全可靠，吊绳与绞轴之间应设置自动防滑装置，人员上下应采用专用爬梯。挖孔桩开挖深度在5m以上时，必须安装送风设备。每班施工作业前先送风，后进入桩内施工作业，并保持桩内通风良好；当桩孔开挖深度超过10m时，应有专门向井下送风的设备，风量不宜少于25L/s。

机械成孔施工的主要危险源是坍塌、机械伤害，其安全防护应符合下列要求：

（1）钻孔机械工作回转半径范围应有警戒线，或设置防止进入该区域的防护措施；

（2）作业人员在导管对接时应戴防割手套。

无人作业时或桩孔成形后，桩口应设置防护盖板，盖板应能抵抗1kN的竖向冲击力，并设置明显的警示标志。

5.2.3 边坡工程

边坡上松动的石块及可能坍塌的土体具有不确定性、危害大的特点。因此，边坡施工前，应清除边坡上方已松动的石块及可能坍塌的土体。

施工中应尽量减少同一垂直作业面的上下层交叉作业，无法错开的垂直交叉作业，层间必须搭设严密、牢固的防护隔离设施。

在边坡上作业应设置安全防护绳，作业人员应系安全带。

边坡施工操作用脚手架应编制专项施工方案，操作平台应有防护措施，应搭设供人员上下的专用通道。边坡坡面和坡脚应制订并采取有效的保护措施，坡顶应设防护栏，坡顶和坡脚应设置降排水系统。坡面防护措施有喷射混凝土、水泥砂浆护面等；排水措施有排水沟、截水沟、急流槽等。

5.2.4　爆破工程

爆破警戒范围由设计确定，应通过验算确定，但不能小于现行国家标准《爆破安全规程》GB 6722 的规定值。警戒区的明显标志包括视觉信号和听觉信号。在危险区边界，应设有明显标志，并派出警戒人员。

爆破警戒时，通信联络的工具和方式可以根据现场条件而定，但要确保指挥部、起爆站和各警戒点之间有良好的通信联络，避免出现混乱。常用的联络方法有口哨、警报器、对讲机、彩旗等。

爆破安全防护措施、盲炮处理及爆破安全允许距离、覆盖、储存等要求应按现行国家标准《爆破安全规程》GB 6722 的相关规定执行。

5.3　脚手架、支撑架作业防护

脚手架所用构件的材质及性能必须符合《建筑施工扣件式钢管脚手架安全技术规范》JGJ 130《建筑施工碗扣式脚手架安全技术规范》JGJ 166 等规范或标准的要求。

脚手架搭设前必须编制专项施工方案、履行审批手续并交底，搭设完成后必须经验收合格方可进行下步工作。

下列脚手架工程应当在施工前单独编制安全专项施工方案：

(1) 高度超过 24m 的落地式钢管脚手架；

(2) 附着式升降脚手架，包括整体提升与分片式提升；

(3) 悬挑式脚手架；

(4) 门型脚手架；

(5) 挂式脚手架；

(6) 吊篮脚手架；

(7) 卸料平台。

脚手架首层和施工层的脚手板应铺设牢靠、严密，采用安全网双层兜底；施工层以下每隔不大于 10m 应设置一道水平安全网进行封闭。脚手架施工操作面是施工人员进行施工活动和材料暂时性存放的平台，为了保障施工人员人身安全以及预防脚手架上材料坠落，要求操作面必须满铺，离墙面不得大于 150mm，不得有空隙和探头板、飞跳板。脚手架施工层操作面下方应设置双层安全网兜底，其中一道为水平安全网，主要防止人员发生高处坠落事故。水平安全网是用直径 9mm 的麻绳、棕绳或尼龙绳编织的，一般规格为宽 3m、长 6m，网眼 5cm 左右，每块支好的安全网应能承受不小于 1600N 的冲击荷载；另一道为密目安全网，主要防止材料、工具等滑落发生物体打击事故。首层为人员操作时出入较频繁的场所，脚手架也应满铺脚手板并与墙面不留空隙。从二层楼面起往上每隔 2~3 层设一道水平安全网。网绳不能破损，生根要牢固，绷紧，圈牢，拼接严密。脚手架体必须用密目安全网沿外架内侧进行封闭，防止人员或物体坠落。安全网之间必须连接牢固，封闭严密，并与架体固定。

脚手架基础必须平整坚实，有排水措施，满足架体的支搭要求，其架体应支搭在底座（托）或通长脚手板上。操作层外侧应设护身栏杆和高度不小 180mm 的挡脚板。脚手架立杆顶端栏杆宜高出女儿墙上端 1m，坡屋面结构宜高出檐口上端 1.5m。脚手架架体外围应设置密目式安全网进行全封闭，密目式安全网宜设置在外立杆的内侧，并与架体绑扎牢固。脚手板与墙体距离不应大于 150mm，否则应采取其他措施进行封闭。

人员、材料出入口在外架搭设时应留出洞口，在上方搭设 6m 宽的安全棚架，上铺双层脚手板，以防坠物伤人。

安装电梯井内墙模前，必须在操作面下 200mm 处牢固地满铺一层脚手板和一层水平安全网。悬挑式钢平台临边应设置不低于 1.5m 的防护栏杆，栏杆内侧应设置硬质材料的挡板，一方面防止操作人员和物料由于各种意外造成坠落事故，另一方面防止材料吊运时钩挂到钢平台。

钢筋、木工加工房等生产性临时场地及主要人行通道的防护棚脚手架必须覆盖防护，防护棚上下两层均必须满铺脚手板，不得有空隙和探头板、飞跳板等。

建筑高度超过 100m 时，较细小的物体坠落均会造成较大的物体打击事故，考虑到附着式脚手架为一次性搭设，因此，宜设置两道安全防线，在脚手架体内侧铺设一层钢板网。

悬挑式钢平台临边应设置不低于 1.5m 的防护栏杆，栏杆内侧应设置硬质材料的挡板。吊篮悬挂机构前支架严禁支撑在女儿墙上、女儿墙外或悬挑结构边缘。遇特殊情况，吊篮悬挂机构不使用前支架支撑且挑梁直接放置在女儿墙上的，应保证女儿墙有足够的强度，采取措施使挑梁不改变受力状态，确保吊篮安全。应由产权单位编制专项施工方案，并附相关计算书，经施工总承包单位、监理单位审核通过后，方可实施。

附着式升降脚手架架体外立面应用密目式安全网封闭严密，建筑高度大于 100m 时，宜在其内侧铺设一层钢板网。

吊篮悬挂机构前支架严禁支撑在女儿墙上、女儿墙外或悬挑结构边缘。吊篮架配重应稳定可靠地安放在配重架上，并有防止随意移动的措施，严禁使用破损的配重或其他替代物，配重的重量应符合说明书规定。吊篮内应 2 人同时作业，操作人员应当配备独立于悬吊平台的安全绳及安全带或其他安全装置，安全带与安全绳应通过锁绳器连接。安全绳绳径不小于 12.5mm。安全绳应当固定于有足够强度的建筑物结构上，严禁安全绳接长使用，严禁将安全绳、安全带直接固定在吊篮结构上。

脚手架的拆除作业应按确定的拆除程序进行。拆除脚手架作业比搭设脚手架危险性更大，必须根据工程情况、作业环境及脚手架特点制定拆除作业方案，并应注意以下事项：

（1）作业前，应对脚手架的现状，包括变形的情况、杆件之间的连接、与建筑物的连接及支撑情况，以及作业环境进行检查。

（2）按照作业方案进行研究并分工。

（3）排除障碍物，清理脚手架上的杂物及地面作业环境。拆除之前，划定危险作业范围，并进行围圈，设监护人员。

（4）拆除作业时，地面设专人指挥，按要求统一进行。

脚手架拆除前应设置警戒范围或制定防止人员进入的措施；拆除过程中应有专人值班监护，操作人员严禁将各构件抛掷至地面。电梯井内模安拆属高空作业，在其操作面以下必须采取牢固的防高空坠落的措施；可采取搭设落地式脚手架或型钢支架的形式作为支撑，并在其上表面满铺脚手板及水平安全网。

5.4　高处作业防护

高处作业防护应符合现行行业标准《建筑施工高处作业安全技术规范》（JGJ 80）要求。

高处作业中的安全标志、防护设施必须在作业前进行检查，确认其完好后方可投入使用。施工中发现防护设施有缺陷或隐患时，必须及时解决；当有可能危及人身安全时，必须停止作业。

高处作业时作业人员必须正确佩戴和使用安全帽、安全带。正确使用和佩戴安全帽对于当人员受到物体打击或高处坠落时，增加对头部的保护，减少二次伤害很有必要。雨雪天气高处作业应有防滑、防冻、防寒措施。

在坠落高度基准面 2m 以上从事支模、绑钢筋等施工作业时，必须有可靠防护的施工作业面，人员上下应设置安全稳固的爬梯。在施工现场对柱、墙等垂直构件的钢筋绑扎，由于竖向钢筋在绑扎过程中或绑扎前自身整体刚度低、弹性大，对操作人员很容易造成伤害，且如果人员踩钢筋上下，对钢筋位置也容易造成移动，对结构不利，采用搭设操作平台，人员上下使用梯子操作在施工中很有必要。

高处作业时所使用的工具必须放入工具箱（袋）内，拆、装下的剩余物料应及时清运，不得任意放置或向下丢弃。传递物件禁止抛掷。

脚手架的外立杆内侧应设置密目式安全网进行封闭。除使用落地式脚手架和高处作业吊篮外，还应搭设水平安全网防护，且当使用吊篮作业时应停止该作业区域除吊篮外的一切屋面及临边作业。

建筑物主要出入口必须搭设大于通道宽度的双层防护棚，层间间距 500mm；棚顶应满铺不小于 50mm 厚的脚手板。多层建筑防护棚挑出宽度不小于 3m，高层建筑防护棚挑出宽度不小于 6m。

多层建筑首层四周必须搭设 3m 宽的水平安全网，网底距接触面不得小于 3m；高层建筑的首层四周应搭设 6m 宽的双层水平安全网，网底距接触面不得小于 5m。建筑物首层四周搭设的水平安全网宽度可按公式 5.4.1 进行计算。建筑物首层四周搭设的水平安全网宽度也可根据表 5-1 确定。

$$R = 0.318 + 0.177 \times \sqrt{3.24 + 20h_b} - 0.018h_b \tag{5.4.1}$$

注：R 为建筑物首层四周搭设的水平安全网宽度；h_b 是指以作业位置为中心、6m 为半径、画出的垂直于水平面的柱形空间内的最低处与作业位置的高度差，称为基本高度。

表 5-1　底层水平防护架宽度取用表（单位：m）

基本高度 h_b	水平安全网宽度 R
$2 \leqslant h_b \leqslant 5$	3
$5 < h_b \leqslant 15$	4
$15 < h_b \leqslant 30$	5
$30 < h_b \leqslant 80$	6
$80 < h_b \leqslant 130$	7

注：基本高度 h_b 是指以作业位置为中心、6m 为半径、画出的垂直于水平面的柱形空间内的最低处与作业位置的高度差。

建筑物外立面自第二层起应沿高度方向每隔 30m 设置一道 5m 宽的水平防护棚，特殊情况下水平防护棚的挑出宽度可按公式 5.4.2 进行计算后确定，计算不同基本高度的结果见表 5-2。防护棚方案应做专项设计。

$$x = v_0 \left\{ \frac{mv_0 + \sqrt{m^2 v_0^2 + 2hm\ (kv_0 + mg)}}{kv_0 + mg} - \frac{1}{2}\frac{k}{m}\left[\frac{mv_0 + \sqrt{m^2 v_0^2 + 2hm\ (kv_0 + mg)}}{kv_0 + mg} \right]^2 \right\}$$

$$(5.4.2)$$

注：高处坠物的运动为有空气阻力的抛体运动。假定高处坠物为距离地面某一高度 h 处斜向下 45° 的低速运动，空气阻力与速度成一次方关系，即 $F = -kv$，其中 k 为空气阻力系数，物体质量为 m，抛出角度为斜向下 45°，抛出高度为 h，坠落位置与抛出位置水平距离为 s。设初始条件为：$x_0 = 0$，$y_0 = 0$，$v_{0x} = v_0$，$v_{0y} = v_0$，经理论推导得出高处坠物的散落半径范围 x。

表 5-2　底层水平防护架宽度取用表（单位：m）

基本高度 h_b	计算得到可能坠落范围半径 R_0	最终确定可能坠落范围半径 R	水平初速度取值（m/s）
$2 \leqslant h_b \leqslant 5$	2.99（$h_b = 5$）	3	2.5
$5 < h_b \leqslant 10$	2.99（$h_b = 10$）	4	2
$10 < h_b \leqslant 15$	3.51（$h_b = 15$）	4	2
$15 < h_b \leqslant 20$	3.51（$h_b = 20$）	5	1.8
$20 < h_b \leqslant 25$	3.84（$h_b = 25$）	5	1.8
$25 < h_b \leqslant 30$	4.12（$h_b = 30$）	5	1.8
$30 < h_b \leqslant 80$	6（$h_b = 80$）	6	1.8
$80 < h_b \leqslant 130$	7（$h_b = 130$）	7	1.8
$130 < h_b \leqslant 210$	8（$h_b = 210$）	8	1.8
$h_b > 210$	9（$h_b = 480$）	9	1.8

注：基本高度 h_b 是指以作业位置为中心、6m 为半径、画出的垂直于水平面的柱形空间内的最低处与作业位置的高度差。

钢结构安装时宜采用登高作业车或作业平台，施工作业人员登高和悬空作业时，必须设置稳固的钢丝绳作为安全防护绳并系好安全带；当不便采用安全防护绳时，应在作业面下方满铺水平安全网。作业人员攀登时，必须配备防坠器，采用防坠落自锁装置；钢结构安装就位后应临时固定并设缆风绳固定。

5.5　洞口及临边防护

5.5.1　洞口防护

施工现场，短边长度 1.5m 及以下的孔洞，应用坚实盖板封闭，并有防止挪动、位移的措施，盖板应加警示标识。短边长度超过 1.5m 的孔洞，四周必须搭设两道不低于 1.2m 的防护栏杆，孔洞中间设置水平安全网。若洞口尺寸过大，无法设置水平安全网的，应按照临边防护标准进行防护。

伸缩缝和后浇带位置，应设置固定盖板防护，并加警示标识。伸缩缝和后浇带处，加固定盖板一是防止垃圾杂物掉入可能对下面施工人员造成的物体打击，二是成品保护的需要。

墙面竖向洞口下边沿至楼板低于 80cm 的窗台等竖向洞口，如侧边落差大于 2m 时应加设连续两道 1.2m 高的落地护栏。

电梯井口必须设置高度不低于 1.5m 的固定式防护门。电梯井的门作为施工现场大的危险源，发生安全事故的频率较高，对作业层人员、过往人员均易造成伤害，防护门之所以采用固定门，主要是考虑当井道有物体冲击时，应对过往人员进行保护，且现场人员无专用工具不能随便拆除。电梯井首层应设置双层水平安全网。首层以上和有地下室的电梯井内，每隔三层且不大于 10m 设一道水平安全网，安全网边缘距电梯井墙壁不大于 150mm。电梯井和管道竖井严禁作为垃圾通道；电梯井遇特殊情况作为垂直运输通道时，必须编制专项施工方案。

位于车辆行驶道旁的洞口，所加盖板的有效承载力应能承受不小于 2 倍入场工程车辆后轮的最大荷载。

5.5.2　临边防护

临边防护栏杆宜采用工具式防护栏杆，工具式防护栏杆的任何位置应能承受任何方向的 1kN 的外力。工具式防护栏杆是指便于周转、现场组装方便而同时各项物理指标、技术受力指标又能满足相应要求、减少能源消耗的举措。

采用扣件式钢管防护栏杆，高度应不低于 1.2m，宜自上而下采用安全立网封闭或栏杆下面设置严密牢固的高度不低于 180mm 的挡脚板；建筑高度超过 100m 或临近主干道的应采用安全网全封闭。

楼梯未安装正式防护栏杆前，必须搭设高度不低于 1.2m 的防护栏杆。阳台栏板宜随层安装，若不能随层安装时，应在阳台临边处设置两道高度不低于 1.2m 的防护栏杆。楼层临边结构高度低于 1.2m 时，应按照临边防护标准搭设防护栏杆。施工升降机接料平台或下人平台必须设置固定栅门。

建筑施工现场，以下三种情况必须设置防护栏杆：

（1）基坑周边，尚未装栏板的阳台、料台与各种平台周边，雨篷与挑檐边、无外脚手架的屋面和楼层边，以及水箱与水塔周边等处；

（2）分层施工的楼梯口和梯段边，必须安装临边防护栏杆；顶层楼梯口应随工程结构的进度安装正式栏杆或临时栏杆；梯段旁边应设置两道栏杆，作为临时护栏；

（3）垂直运输设备如物料提升机、施工电梯等与建筑物相连接的通道两侧，需加设防护栏杆。栏杆的下部还必须加设挡脚板、挡脚竹笆或金属网片。施工现场的情况比较复杂，防护栏杆的破坏不仅是水平方向，而应考虑各种方向的可能性。

因施工需要，临时拆除洞口或临边防护的，必须设专人监护。禁止同时拆除多层洞口或临边防护，禁止垂直交叉作业。临时拆除洞口或临边防护的，作业区周围及进出口处，必须派专人瞭望，严禁非作业人员进入危险区域。操作人员应配戴安全带，拆除的全部过程中，应由指挥人员负责拆除、撤料等操作人员的安全作业。

5.6 料具存放及场容安全

5.6.1 平面管理及场容

施工现场应分阶段（基础、主体、装饰或其他特殊阶段）编制施工现场总平面布置图，施工平面布置时应根据各阶段的危险源制定安全措施。

施工现场应实行封闭式管理，围墙或围栏应坚固、严密，高度不应低于1.8m，临近主干道时高度不应低于2.2m，在基坑、槽边2m以内时，应采用工具式围挡。施工现场大门处应设置施工现场总平面布置图、公共突发事件应急处置流程图和安全生产、消防保卫、环境保护、文明施工制度牌。施工现场应设置重大危险源公示栏以及安全宣传、评比、曝光栏等。

施工现场应建立门卫、出入登记、值班和巡查制度，做好值班、巡查和隐患整改记录。料场、库房应加强巡逻守护，重要材料、设备及工具要专库专管。禁止无关人员和车辆进入施工现场。

施工现场出入口及主要道路必须进行硬化处理，应有人车分流措施，道路转弯半径等应符合有关规定。建筑垃圾和生活垃圾不得混装混运、乱堆乱放，不得将危险废弃物混入建筑垃圾。

5.6.2 现场防火

施工现场应实行区域管理，明确划分施工区、办公区和生活区的范围，且满足防火间距要求。

施工现场应设置临时消防车道和临时消防救援场地，不得在临时消防车道上堆物、堆料或挤占临时消防车道，确保临时消防车道畅通。

施工现场应设置消防水源和室外消火栓系统，消防干管直径不小于100mm，消火栓处昼夜要有明显标志，配备有效开启工具和足够的水龙带，周围3m内不得堆放物品。地下消火栓必须符合防火规范。

施工现场应设置临时消防给水系统。消防竖管的管径不得小于100mm，每层设消防竖管接口，配备足够的水龙带。消防竖管应设水泵结合器，满足施工现场火灾扑救的消防供水要求。

建筑高度超过 100m 的在建工程，应增设临时中转水池及加压水泵。中转水池的有效容积不应小于 10m³，上、下两个中转水池的高度不宜超过 100m。

灭火器的配备数量应按现行国家标准经计算确定，且每个场所的灭火器数量不应少于 2 具，易燃易爆物品的库房及料场、木工操作间、厨房、配电室、泵房等重要场所的灭火器数量不应少于 4 具。灭火器材应经常检查、维修、保养，保证灵敏有效。

宿舍、办公用房的建筑构件的燃烧性能等级应满足防火要求。发电机房、变配电房、厨房操作间、锅炉房、可燃材料库房及易燃易爆危险品库房等应在 1 层，其建筑构件的燃烧性能应满足防火要求。

库房应采用非燃材料搭设，易燃易爆物品应专库储存，配备消防器材，并设警示标识。保持通风，用电符合防火规定。易燃易爆物品库房与在建工程的防火间距不应小于 15m。可燃材料堆场及其加工场、固定动火作业场与在建工程的防火间距不应小于 10m。不准在工程内、库房内调配油漆、稀料。

施工现场应每半年组织一次灭火和应急疏散演练，防火要求应符合现行国家标准《建设工程施工现场消防安全技术规范》GB 50720 的相关规定。

电气焊作业人员应持证上岗，动火作业前应完善动火申请，作业现场及其附件无法移走的可燃物应采用不燃材料对其覆盖或隔离，并备足灭火器材和灭火用水，设专人看护，作业后必须确认无火源后方可离去。动火证必须经总包单位防火负责人审批，当日有效。用火地点变换，应重新办理。

具有火灾、爆炸危险的场所严禁明火。裸露的可燃材料上严禁直接进行动火作业。

防水施工时应有明显的"严禁烟火"警示标识。使用喷灯前应检查开关及零部件是否完好，严禁在防水作业现场加油。防水施工与电、气焊不得交叉作业。

液化石油气钢瓶应专库存放，气罐与灶连接超过 2m 的应使用金属管连接，连接装置及安全配件齐全可靠。不得在建设工程内和生产区域使用液化石油气。

外保温工程施工期间严禁使用明火。施工应分区段进行，并保持防火间距。没有保护面层的保温层不得超过 3 层楼高，裸露不得超过 2 天。严禁在施工建筑物内堆存保温材料。室内使用油漆及其有机溶剂、乙二胺、冷底子油等易挥发产生易燃气体的物资作业时，应保持良好通风，作业场所严禁明火，并应避免产生静电。

5.6.3　料具存放

施工现场工具、构件、材料的堆放必须按照总平面图规定的位置放置，必须根据施工现场实际面积及安全消防要求，合理布置料具的存放位置，并码放整齐。

砌块、砖块、木枋、模板等材料应码放稳固，码放高度不得超过 1.5m，钢筋盘条码放高度不应超过两层。

玻璃在搬运、安装过程中，应有防止倾倒和底部滑移的措施。人工搬运玻璃时，必须使用专用夹具和吸盘，施工人员在存放架两侧利用吸盘先将玻璃与其他玻璃移开 50～100mm 后方可进行搬运。搬运过程中，必须设专人在存放架两侧负责看护剩余玻璃。搬运后，周转架上的剩余玻璃应按照要求进行捆绑固定。

易燃易爆物品应设置专库分类存放，配备消防器材，并设警示标志。氧气瓶、乙炔瓶工作间距不应小于5m，两瓶与明火作业距离不应小于10m，建筑工程内禁止存放氧气瓶、乙炔瓶。

钢结构及钢骨混凝土的钢构件存放应符合下列要求：

（1）钢结构的堆放、预拼及吊装场地必须平整，场地硬度满足堆放、预拼及吊装要求，场地排水畅通；

（2）散料堆放前应放好垫木；

（3）非作业人员严禁进入堆放、预拼及吊装场地。

混凝土输送管使用时应固定牢靠，使用完毕后应清洗干净，堆放时应有防滑措施。

现场存放尖锐、圆形等异型物体时，应有防止其伤人和滑动的措施。

5.7　临时用电安全防护

施工现场临时用电工程应由电气技术人员负责管理。现场必须配备专职电工，并设电工值班室。专职电工必须持证上岗。

为保证现场施工人员的人身安全和用电设施安全，总包单位与分包单位必须签订临时用电安全管理协议，明确各方相关责任。分包单位应遵守总承包单位现场临时用电管理规定。

临时用电配电线路应采用绝缘导线或电缆，室外配线宜采取架空敷设方式；室内配线应采取穿绝缘导管、线槽敷设，导线过墙处必须有保护措施。当沿建筑物、构筑物敷设时应采取瓷瓶等绝缘隔离措施。

配电箱、开关箱应安装在干燥、通风场所，配电箱周围应整洁、不得堆放任何物品。配电箱、开关箱安装应端正、稳固，进出线口应设在箱体下方，顺直固定。配电箱应有防护栏、防雨、防砸措施，并设有警告标志和灭火器。

地下室、潮湿环境及生活区宿舍照明用电宜使用36V及以下安全电压，空调、电暖器、电风扇等应设专用配电线路，并配备合格的断路开关、漏电开关等电器保护装置。充电装置应使用专用充电柜，且应设置在专用房间内，生活区宿舍内严禁使用其他各类电加热器具。

塔吊、施工升降机、电动吊篮、办公区、生活区应设专用分配电箱配电，每栋楼、每个食堂宜设专用控制箱。电动吊篮自带控制箱时，可视为专用开关箱。

各类施工活动、设施设备必须与外电线路及变压器保持安全距离。安全距离应符合现行行业标准《施工现场临时用电安全技术规范》JGJ 46 的规定。

施工现场起重机械、高大脚手架和在建工程高大金属构筑物，当在相邻建筑物、构筑物等设施防雷装置接闪器的保护范围以外时，必须按规范安装防雷装置。

检修和移动配电箱、开关箱、电气设备和电动机械时，必须切断电源，设专人监护。

使用移动式或手持电动工具的操作人员应按规定穿戴绝缘手套和绝缘鞋。

施工现场存放易燃、可燃材料的库房、木工加工场所、油漆配料房和防水作业场所应使用防爆型灯具。

5.8　施工机械安全防护

机械设备的作业能力和使用范围是有一定限度的，超过限度会造成事故。因此，施工现场机械设备严禁超载作业或任意扩大使用范围。施工现场机械设备安全防护装置及监测、指示装置必须齐全、灵敏、可靠。

施工现场的起重吊装必须由专业人员操作，信号指挥人员必须持证上岗，司索工必须经培训后上岗并保持人员相对稳定。

群塔作业中，应保证处于低位的塔式起重机臂架端部与相邻塔式起重机塔身之间至少有 2m 的距离，处于高位塔机的最低位置的部件与低位塔机中处于最高位置部件之间的垂直距离不应小于 2m。最低位置的部件指的是：吊钩升至最高点或平衡重的最低部位。

安装、拆卸塔式起重机附着装置时，应搭设作业平台。

塔起重机塔身与主体结构之间搭设的安全通道应安全可靠，有防范、防止通道摇摆的措施，栏杆高度不小于 1.2m，用密目安全网封闭。塔起重机塔身在离地 2m 处用水平安全网做水平防护，然后每隔 10m 设一层水平安全网防护，每层防护洞口错开，立面应用密目安全网防护。

施工现场塔式起重机、施工升降机、物料提升机的金属结构、电气设备的金属外壳等均应按照《施工现场临时用电安全技术规范》JGJ46 的规定设置独立的接地装置，接地电阻不应大于 4Ω。

施工升降机机笼内搭乘人员不超过 8 人。

施工升降机、物料提升机首层进料口应搭设符合规范要求的防护棚，防护棚宽于梯笼（架体）两侧各 1m，多层建筑防护棚长度不应小于 3m，高层建筑防护棚长度不应小于 6m，防护棚高度不低于 3m。同时，按《吊笼有垂直导向的人货两用施工升降机》GB 26557 设置层站和防护门。

焊接作业有许多不安全因素，如爆炸、火灾、触电、灼烫、急性中毒、高处坠落、物体打击等，对危险性失去控制或防范不周，就会发展为事故，造成人员伤亡和财产损失。因此，现场使用的电焊机应设有防雨、防潮、防晒、防砸的措施。焊割现场及高空焊割作业下方，严禁堆放油类、木材、氧气瓶、乙炔瓶、保温材料等易燃、易爆物品。

蛙式打夯机、电锯、电刨、砂轮机等单向运行的机械设备必须使用单向开关，操作扶手应采取绝缘措施。蛙式打夯机必须两人操作，操作人员必须戴绝缘手套、穿绝缘鞋。

圆盘锯的锯盘及传动部位应安装防护罩，并设置安全保险挡板、分料器。凡长度小于 0.5m、厚度大于锯盘半径的木料，严禁使用圆盘锯。破料锯与横截锯不得混用。

5.9　市政工程安全防护

毗邻道路开挖的槽、坑、沟，必须采取防护措施并设置防撞墩，防止人员坠落。夜间必须设红色标志灯示警。

管线工程以及城市道路工程的施工现场围挡宜连续设置，也可以按工程进度分段设置。特殊情况不能进行围挡的，应当设置安全警示标志，并在工程险要处采取隔离措施。

距离交通路口20m范围内设置施工围挡的，围挡1m以上部分应当采用通透性围挡，不得影响交通路口行车视距。

市政工程应设置安全警示及交通标志。交通标志、安全设施和限高限宽门应符合现行国家标准《道路交通标志和标线》GB 5768 要求。

夜间设置的交通安全警示灯、沿通道设置的照明设施、轮廓标、突起路标应符合有关规定。

5.10　检查与验收

安全防护措施应分阶段逐项检查和验收，形成安全防护设施验收记录表（见表5-3），验收合格后，方可作业。

表5-3　安全防护设施检查验收记录表

工程名称			工程地点		
建设单位			监理单位		
施工单位		项目经理		项目安全负责人	
施工日期			检查验收日期		
验收情况					
序	检查项目			检查内容	
1	项目部安全管理体系				
2	现场安全责任制				
3	特殊工种操作岗位证书				
4	基础工程和边坡防护				
5	脚手架作业防护				
6	高处作业防护				
7	洞口及临边防护				
8	料具存放及场容安全				
9	临时用电安全防护				
10	施工机械安全防护				
11	市政工程防护				
自检结果： 项目安全负责人： 　　　　　年　月　日			检查结论： 总监理工程师： 　　　　　年　月　日		

安全防护措施，应由单位工程负责人组织验收，生产、安全管理负责人等有关人员参加。

安全防护设施的验收，应具备下列资料：

（1）施工组织设计及有关验算数据；

（2）安全防护设施验收记录；

（3）安全防护设施变更记录及签证。

安全防护设施的验收，主要包括以下内容：

（1）所有临边、洞口等各类技术措施的设置状况；

（2）技术措施所用的配件、材料和工具的规格和材质；

（3）技术措施的节点构造及其与建筑物的固定情况；

（4）扣件和连接件的紧固程度；

（5）安全防护设施的用品及设备的性能与质量是否合格的验证。

安全防护设施的验收应按类别逐项查验，做出验收记录。凡不符合规定者，必须修整合格后再行查验。施工期内还应定期进行抽查。

附　录

建设工程安全生产管理条例

（中华人民共和国国务院令第 393 号）

第一章　总则

第一条　为了加强建设工程安全生产监督管理，保障人民群众生命和财产安全，根据《中华人民共和国建筑法》《中华人民共和国安全生产法》，制定本条例。

第二条　在中华人民共和国境内从事建设工程的新建、扩建、改建和拆除等有关活动及实施对建设工程安全生产的监督管理，必须遵守本条例。

本条例所称建设工程，是指土木工程、建筑工程、线路管道和设备安装工程及装修工程。

第三条　建设工程安全生产管理，坚持安全第一、预防为主的方针。

第四条　建设单位、勘察单位、设计单位、施工单位、工程监理单位及其他与建设工程安全生产有关的单位，必须遵守安全生产法律、法规的规定，保证建设工程安全生产，依法承担建设工程安全生产责任。

第五条　国家鼓励建设工程安全生产的科学技术研究和先进技术的推广应用，推进建设工程安全生产的科学管理。

第二章　建设单位的安全责任

第六条　建设单位应当向施工单位提供施工现场及毗邻区域内供水、排水、供电、供气、供热、通信、广播电视等地下管线资料，气象和水文观测资料，相邻建筑物和构筑物、地下工程的有关资料，并保证资料的真实、准确、完整。

建设单位因建设工程需要，向有关部门或者单位查询前款规定的资料时，有关部门或者单位应当及时提供。

第七条　建设单位不得对勘察、设计、施工、工程监理等单位提出不符合建设工程安全生产法律、法规和强制性标准规定的要求，不得压缩合同约定的工期。

第八条　建设单位在编制工程概算时，应当确定建设工程安全作业环境及安全施工措施所需费用。

第九条　建设单位不得明示或者暗示施工单位购买、租赁、使用不符合安全施工要求的安全防护用具、机械设备、施工机具及配件、消防设施和器材。

第十条　建设单位在申请领取施工许可证时，应当提供建设工程有关安全施工措施的资料。

依法批准开工报告的建设工程，建设单位应当自开工报告批准之日起 15 日内，将保证安全施工的措施报送建设工程所在地的县级以上地方人民政府建设行政主管部门或者其他有关部门备案。

第十一条　建设单位应当将拆除工程发包给具有相应资质等级的施工单位。

建设单位应当在拆除工程施工 15 日前，将下列资料报送建设工程所在地的县级以上地方人民政府建设行政主管部门或者其他有关部门备案：

（一）施工单位资质等级证明；

（二）拟拆除建筑物、构筑物及可能危及毗邻建筑的说明；

（三）拆除施工组织方案；

（四）堆放、清除废弃物的措施。

实施爆破作业的，应当遵守国家有关民用爆炸物品管理的规定。

第三章　勘察、设计、工程监理及其他有关单位的安全责任

第十二条　勘察单位应当按照法律、法规和工程建设强制性标准进行勘察，提供的勘察文件应当真实、准确，满足建设工程安全生产的需要。

勘察单位在勘察作业时，应当严格执行操作规程，采取措施保证各类管线、设施和周边建筑物、构筑物的安全。

第十三条　设计单位应当按照法律、法规和工程建设强制性标准进行设计，防止因设计不合理导致生产安全事故的发生。

设计单位应当考虑施工安全操作和防护的需要，对涉及施工安全的重点部位和环节在设计文件中注明，并对防范生产安全事故提出指导意见。

采用新结构、新材料、新工艺的建设工程和特殊结构的建设工程，设计单位应当在设计中提出保障施工作业人员安全和预防生产安全事故的措施建议。

设计单位和注册建筑师等注册执业人员应当对其设计负责。

第十四条　工程监理单位应当审查施工组织设计中的安全技术措施或者专项施工方案是否符合工程建设强制性标准。

工程监理单位在实施监理过程中，发现存在安全事故隐患的，应当要求施工单位整改；情况严重的，应当要求施工单位暂时停止施工，并及时报告建设单位。施工单位拒不整改或者不停止施工的，工程监理单位应当及时向有关主管部门报告。

工程监理单位和监理工程师应当按照法律、法规和工程建设强制性标准实施监理，并对建设工程安全生产承担监理责任。

第十五条　为建设工程提供机械设备和配件的单位，应当按照安全施工的要求配备齐全有效的保险、限位等安全设施和装置。

第十六条　出租的机械设备和施工机具及配件，应当具有生产（制造）许可证、产品合格证。

出租单位应当对出租的机械设备和施工机具及配件的安全性能进行检测，在签订租赁协议时，应当出具检测合格证明。

禁止出租检测不合格的机械设备和施工机具及配件。

第十七条　在施工现场安装、拆卸施工起重机械和整体提升脚手架、模板等自升式

架设设施，必须由具有相应资质的单位承担。

安装、拆卸施工起重机械和整体提升脚手架、模板等自升式架设设施，应当编制拆装方案、制定安全施工措施，并由专业技术人员现场监督。

施工起重机械和整体提升脚手架、模板等自升式架设设施安装完毕后，安装单位应当自检，出具自检合格证明，并向施工单位进行安全使用说明，办理验收手续并签字。

第十八条　施工起重机械和整体提升脚手架、模板等自升式架设设施的使用达到国家规定的检验检测期限的，必须经具有专业资质的检验检测机构检测。经检测不合格的，不得继续使用。

第十九条　检验检测机构对检测合格的施工起重机械和整体提升脚手架、模板等自升式架设设施，应当出具安全合格证明文件，并对检测结果负责。

第四章　施工单位的安全责任

第二十条　施工单位从事建设工程的新建、扩建、改建和拆除等活动，应当具备国家规定的注册资本、专业技术人员、技术装备和安全生产等条件，依法取得相应等级的资质证书，并在其资质等级许可的范围内承揽工程。

第二十一条　施工单位主要负责人依法对木单位的安全生产工作全面负责。施工单位应当建立健全安全生产责任制度和安全生产教育培训制度，制定安全生产规章制度和操作规程，保证本单位安全生产条件所需资金的投入，对所承担的建设工程进行定期和专项安全检查，并做好安全检查记录。

施工单位的项目负责人应当由取得相应执业资格的人员担任，对建设工程项目的安全施工负责，落实安全生产责任制度、安全生产规章制度和操作规程，确保安全生产费用的有效使用，并根据工程的特点组织制定安全施工措施，消除安全事故隐患，及时、如实报告生产安全事故。

第二十二条　施工单位对列入建设工程概算的安全作业环境及安全施工措施所需费用，应当用于施工安全防护用具及设施的采购和更新、安全施工措施的落实、安全生产条件的改善，不得挪作他用。

第二十三条　施工单位应当设立安全生产管理机构，配备专职安全生产管理人员。

专职安全生产管理人员负责对安全生产进行现场监督检查。发现安全事故隐患，应当及时向项目负责人和安全生产管理机构报告；对违章指挥、违章操作的，应当立即制止。

专职安全生产管理人员的配备办法由国务院建设行政主管部门会同国务院其他有关部门制定。

第二十四条　建设工程实行施工总承包的，由总承包单位对施工现场的安全生产负总责。

总承包单位应当自行完成建设工程主体结构的施工。

总承包单位依法将建设工程分包给其他单位的，分包合同中应当明确各自的安全生产方面的权利、义务。总承包单位和分包单位对分包工程的安全生产承担连带责任。

分包单位应当服从总承包单位的安全生产管理，分包单位不服从管理导致生产安全事故的，由分包单位承担主要责任。

第二十五条　垂直运输机械作业人员、安装拆卸工、爆破作业人员、起重信号工、登高架设作业人员等特种作业人员，必须按照国家有关规定经过专门的安全作业培训，并取得特种作业操作资格证书后，方可上岗作业。

第二十六条　施工单位应当在施工组织设计中编制安全技术措施和施工现场临时用电方案，对下列达到一定规模的危险性较大的分部分项工程编制专项施工方案，并附具安全验算结果，经施工单位技术负责人、总监理工程师签字后实施，由专职安全生产管理人员进行现场监督：

（一）基坑支护与降水工程；

（二）土方开挖工程；

（三）模板工程；

（四）起重吊装工程；

（五）脚手架工程；

（六）拆除、爆破工程；

（七）国务院建设行政主管部门或者其他有关部门规定的其他危险性较大的工程。

对前款所列工程中涉及深基坑、地下暗挖工程、高大模板工程的专项施工方案，施工单位还应当组织专家进行论证、审查。

本条第一款规定的达到一定规模的危险性较大工程的标准，由国务院建设行政主管部门会同国务院其他有关部门制定。

第二十七条　建设工程施工前，施工单位负责项目管理的技术人员应当对有关安全施工的技术要求向施工作业班组、作业人员作出详细说明，并由双方签字确认。

第二十八条　施工单位应当在施工现场入口处、施工起重机械、临时用电设施、脚手架、出入通道口、楼梯口、电梯井口、孔洞口、桥梁口、隧道口、基坑边沿、爆破物及有害危险气体和液体存放处等危险部位，设置明显的安全警示标志。安全警示标志必须符合国家标准。

施工单位应当根据不同施工阶段和周围环境及季节、气候的变化，在施工现场采取相应的安全施工措施。施工现场暂时停止施工的，施工单位应当做好现场防护，所需费用由责任方承担，或者按照合同约定执行。

第二十九条　施工单位应当将施工现场的办公、生活区与作业区分开设置，并保持安全距离；办公、生活区的选址应当符合安全性要求。职工的膳食、饮水、休息场所等应当符合卫生标准。施工单位不得在尚未竣工的建筑物内设置员工集体宿舍。

施工现场临时搭建的建筑物应当符合安全使用要求。施工现场使用的装配式活动房屋应当具有产品合格证。

第三十条　施工单位对因建设工程施工可能造成损害的毗邻建筑物、构筑物和地下管线等，应当采取专项防护措施。

施工单位应当遵守有关环境保护法律、法规的规定，在施工现场采取措施，防止或者减少粉尘、废气、废水、固体废物、噪声、振动和施工照明对人和环境的危害和污染。

在城市市区内的建设工程，施工单位应当对施工现场实行封闭围挡。

第三十一条　施工单位应当在施工现场建立消防安全责任制度，确定消防安全责任人，制定用火、用电、使用易燃易爆材料等各项消防安全管理制度和操作规程，设置消防通道、消防水源，配备消防设施和灭火器材，并在施工现场入口处设置明显标志。

第三十二条　施工单位应当向作业人员提供安全防护用具和安全防护服装，并书面告知危险岗位的操作规程和违章操作的危害。

作业人员有权对施工现场的作业条件、作业程序和作业方式中存在的安全问题提出批评、检举和控告，有权拒绝违章指挥和强令冒险作业。

在施工中发生危及人身安全的紧急情况时，作业人员有权立即停止作业或者在采取必要的应急措施后撤离危险区域。

第三十三条　作业人员应当遵守安全施工的强制性标准、规章制度和操作规程，正确使用安全防护用具、机械设备等。

第三十四条　施工单位采购、租赁的安全防护用具、机械设备、施工机具及配件，应当具有生产（制造）许可证、产品合格证，并在进入施工现场前进行查验。

施工现场的安全防护用具、机械设备、施工机具及配件必须由专人管理，定期进行检查、维修和保养，建立相应的资料档案，并按照国家有关规定及时报废。

第三十五条　施工单位在使用施工起重机械和整体提升脚手架、模板等自升式架设设施前，应当组织有关单位进行验收，也可以委托具有相应资质的检验检测机构进行验收；使用承租的机械设备和施工机具及配件的，由施工总承包单位、分包单位、出租单位和安装单位共同进行验收。验收合格的方可使用。

《特种设备安全监察条例》规定的施工起重机械，在验收前应当经有相应资质的检验检测机构监督检验合格。

施工单位应当自施工起重机械和整体提升脚手架、模板等自升式架设设施验收合格之日起30日内，向建设行政主管部门或者其他有关部门登记。登记标志应当置于或者附着于该设备的显著位置。

第三十六条　施工单位的主要负责人、项目负责人、专职安全生产管理人员应当经建设行政主管部门或者其他有关部门考核合格后方可任职。

施工单位应当对管理人员和作业人员每年至少进行一次安全生产教育培训，其教育培训情况记入个人工作档案。安全生产教育培训考核不合格的人员，不得上岗。

第三十七条　作业人员进入新的岗位或者新的施工现场前，应当接受安全生产教育培训。未经教育培训或者教育培训考核不合格的人员，不得上岗作业。

施工单位在采用新技术、新工艺、新设备、新材料时，应当对作业人员进行相应的安全生产教育培训。

第三十八条　施工单位应当为施工现场从事危险作业的人员办理意外伤害保险。

意外伤害保险费由施工单位支付。实行施工总承包的，由总承包单位支付意外伤害保险费。意外伤害保险期限自建设工程开工之日起至竣工验收合格止。

第五章　监督管理

第三十九条　国务院负责安全生产监督管理的部门依照《中华人民共和国安全生产

法》的规定，对全国建设工程安全生产工作实施综合监督管理。

县级以上地方人民政府负责安全生产监督管理的部门依照《中华人民共和国安全生产法》的规定，对本行政区域内建设工程安全生产工作实施综合监督管理。

第四十条　国务院建设行政主管部门对全国的建设工程安全生产实施监督管理。国务院铁路、交通、水利等有关部门按照国务院规定的职责分工，负责有关专业建设工程安全生产的监督管理。

县级以上地方人民政府建设行政主管部门对本行政区域内的建设工程安全生产实施监督管理。县级以上地方人民政府交通、水利等有关部门在各自的职责范围内，负责本行政区域内的专业建设工程安全生产的监督管理。

第四十一条　建设行政主管部门和其他有关部门应当将本条例第十条、第十一条规定的有关资料的主要内容抄送同级负责安全生产监督管理的部门。

第四十二条　建设行政主管部门在审核发放施工许可证时，应当对建设工程是否有安全施工措施进行审查，对没有安全施工措施的，不得颁发施工许可证。

建设行政主管部门或者其他有关部门对建设工程是否有安全施工措施进行审查时，不得收取费用。

第四十三条　县级以上人民政府负有建设工程安全生产监督管理职责的部门在各自的职责范围内履行安全监督检查职责时，有权采取下列措施：

（一）要求被检查单位提供有关建设工程安全生产的文件和资料；

（二）进入被检查单位施工现场进行检查；

（三）纠正施工中违反安全生产要求的行为；

（四）对检查中发现的安全事故隐患，责令立即排除；重大安全事故隐患排除前或者排除过程中无法保证安全的，责令从危险区域内撤出作业人员或者暂时停止施工。

第四十四条　建设行政主管部门或者其他有关部门可以将施工现场的监督检查委托给建设工程安全监督机构具体实施。

第四十五条　国家对严重危及施工安全的工艺、设备、材料实行淘汰制度。具体目录由国务院建设行政主管部门会同国务院其他有关部门制定并公布。

第四十六条　县级以上人民政府建设行政主管部门和其他有关部门应当及时受理对建设工程生产安全事故及安全事故隐患的检举、控告和投诉。

第六章　生产安全事故的应急救援和调查处理

第四十七条　县级以上地方人民政府建设行政主管部门应当根据本级人民政府的要求，制定本行政区域内建设工程特大生产安全事故应急救援预案。

第四十八条　施工单位应当制定本单位生产安全事故应急救援预案，建立应急救援组织或者配备应急救援人员，配备必要的应急救援器材、设备，并定期组织演练。

第四十九条　施工单位应当根据建设工程施工的特点、范围，对施工现场易发生重大事故的部位、环节进行监控，制定施工现场生产安全事故应急救援预案。实行施工总承包的，由总承包单位统一组织编制建设工程生产安全事故应急救援预案，工程总承包单位和分包单位按照应急救援预案，各自建立应急救援组织或者配备应急救援人员，配备救援器材、设备，并定期组织演练。

第五十条　施工单位发生生产安全事故，应当按照国家有关伤亡事故报告和调查处理的规定，及时、如实地向负责安全生产监督管理的部门、建设行政主管部门或者其他有关部门报告；特种设备发生事故的，还应当同时向特种设备安全监督管理部门报告。接到报告的部门应当按照国家有关规定，如实上报。

实行施工总承包的建设工程，由总承包单位负责上报事故。

第五十一条　发生生产安全事故后，施工单位应当采取措施防止事故扩大，保护事故现场。需要移动现场物品时，应当做出标记和书面记录，妥善保管有关证物。

第五十二条　建设工程生产安全事故的调查、对事故责任单位和责任人的处罚与处理，按照有关法律、法规的规定执行。

第七章　法律责任

第五十三条　违反本条例的规定，县级以上人民政府建设行政主管部门或者其他有关行政管理部门的工作人员，有下列行为之一的，给予降级或者撤职的行政处分；构成犯罪的，依照刑法有关规定追究刑事责任：

（一）对不具备安全生产条件的施工单位颁发资质证书的；

（二）对没有安全施工措施的建设工程颁发施工许可证的；

（三）发现违法行为不予查处的；

（四）不依法履行监督管理职责的其他行为。

第五十四条　违反本条例的规定，建设单位未提供建设工程安全生产作业环境及安全施工措施所需费用的，责令限期改正；逾期未改正的，责令该建设工程停止施工。

建设单位未将保证安全施工的措施或者拆除工程的有关资料报送有关部门备案的，责令限期改正，给予警告。

第五十五条　违反本条例的规定，建设单位有下列行为之一的，责令限期改正，处20万元以上50万元以下的罚款；造成重大安全事故，构成犯罪的，对直接责任人员，依照刑法有关规定追究刑事责任；造成损失的，依法承担赔偿责任：

（一）对勘察、设计、施工、工程监理等单位提出不符合安全生产法律、法规和强制性标准规定的要求的；

（二）要求施工单位压缩合同约定的工期的；

（三）将拆除工程发包给不具有相应资质等级的施工单位的。

第五十六条　违反本条例的规定，勘察单位、设计单位有下列行为之一的，责令限期改正，处10万元以上30万元以下的罚款；情节严重的，责令停业整顿，降低资质等级，直至吊销资质证书；造成重大安全事故，构成犯罪的，对直接责任人员，依照刑法有关规定追究刑事责任；造成损失的，依法承担赔偿责任：

（一）未按照法律、法规和工程建设强制性标准进行勘察、设计的；

（二）采用新结构、新材料、新工艺的建设工程和特殊结构的建设工程，设计单位未在设计中提出保障施工作业人员安全和预防生产安全事故的措施建议的。

第五十七条　违反本条例的规定，工程监理单位有下列行为之一的，责令限期改正；逾期未改正的，责令停业整顿，并处 10 万元以上 30 万元以下的罚款；情节严重的，降低资质等级，直至吊销资质证书；造成重大安全事故，构成犯罪的，对直接责任人员，依照刑法有关规定追究刑事责任；造成损失的，依法承担赔偿责任：

（一）未对施工组织设计中的安全技术措施或者专项施工方案进行审查的；

（二）发现安全事故隐患未及时要求施工单位整改或者暂时停止施工的；

（三）施工单位拒不整改或者不停止施工，未及时向有关主管部门报告的；

（四）未依照法律、法规和工程建设强制性标准实施监理的。

第五十八条　注册执业人员未执行法律、法规和工程建设强制性标准的，责令停止执业 3 个月以上 1 年以下；情节严重的，吊销执业资格证书，5 年内不予注册；造成重大安全事故的，终身不予注册；构成犯罪的，依照刑法有关规定追究刑事责任。

第五十九条　违反本条例的规定，为建设工程提供机械设备和配件的单位，未按照安全施工的要求配备齐全有效的保险、限位等安全设施和装置的，责令限期改正，处合同价款 1 倍以上 3 倍以下的罚款；造成损失的，依法承担赔偿责任。

第六十条　违反本条例的规定，出租单位出租未经安全性能检测或者经检测不合格的机械设备和施工机具及配件的，责令停业整顿，并处 5 万元以上 10 万元以下的罚款；造成损失的，依法承担赔偿责任。

第六十一条　违反本条例的规定，施工起重机械和整体提升脚手架、模板等自升式架设设施安装、拆卸单位有下列行为之一的，责令限期改正，处 5 万元以上 10 万元以下的罚款；情节严重的，责令停业整顿，降低资质等级，直至吊销资质证书；造成损失的，依法承担赔偿责任：

（一）未编制拆装方案、制定安全施工措施的；

（二）未由专业技术人员现场监督的；

（三）未出具自检合格证明或者出具虚假证明的；

（四）未向施工单位进行安全使用说明，办理移交手续的。

施工起重机械和整体提升脚手架、模板等自升式架设设施安装、拆卸单位有前款规定的第（一）项、第（三）项行为，经有关部门或者单位职工提出后，对事故隐患仍不采取措施，因而发生重大伤亡事故或者造成其他严重后果，构成犯罪的，对直接责任人员，依照刑法有关规定追究刑事责任。

第六十二条　违反本条例的规定，施工单位有下列行为之一的，责令限期改正；逾期未改正的，责令停业整顿，依照《中华人民共和国安全生产法》的有关规定处以罚款；造成重大安全事故，构成犯罪的，对直接责任人员，依照刑法有关规定追究刑事责任：

（一）未设立安全生产管理机构、配备专职安全生产管理人员或者分部分项工程施工时无专职安全生产管理人员现场监督的；

（二）施工单位的主要负责人、项目负责人、专职安全生产管理人员、作业人员或者特种作业人员，未经安全教育培训或者经考核不合格即从事相关工作的；

（三）未在施工现场的危险部位设置明显的安全警示标志，或者未按照国家有关规定在施工现场设置消防通道、消防水源、配备消防设施和灭火器材的；

（四）未向作业人员提供安全防护用具和安全防护服装的；

（五）未按照规定在施工起重机械和整体提升脚手架、模板等自升式架设设施验收合格后登记的；

（六）使用国家明令淘汰、禁止使用的危及施工安全的工艺、设备、材料的。

第六十三条　违反本条例的规定，施工单位挪用列入建设工程概算的安全生产作业环境及安全施工措施所需费用的，责令限期改正，处挪用费用 20% 以上 50% 以下的罚款；造成损失的，依法承担赔偿责任。

第六十四条　违反本条例的规定，施工单位有下列行为之一的，责令限期改正；逾期未改正的，责令停业整顿，并处 5 万元以上 10 万元以下的罚款；造成重大安全事故，构成犯罪的，对直接责任人员，依照刑法有关规定追究刑事责任：

（一）施工前未对有关安全施工的技术要求作出详细说明的；

（二）未根据不同施工阶段和周围环境及季节、气候的变化，在施工现场采取相应的安全施工措施，或者在城市市区内的建设工程的施工现场未实行封闭围挡的；

（三）在尚未竣工的建筑物内设置员工集体宿舍的；

（四）施工现场临时搭建的建筑物不符合安全使用要求的；

（五）未对因建设工程施工可能造成损害的毗邻建筑物、构筑物和地下管线等采取专项防护措施的。

施工单位有前款规定第（四）项、第（五）项行为，造成损失的，依法承担赔偿责任。

第六十五条　违反本条例的规定，施工单位有下列行为之一的，责令限期改正；逾期未改正的，责令停业整顿，并处 10 万元以上 30 万元以下的罚款；情节严重的，降低资质等级，直至吊销资质证书；造成重大安全事故，构成犯罪的，对直接责任人员，依照刑法有关规定追究刑事责任；造成损失的，依法承担赔偿责任：

（一）安全防护用具、机械设备、施工机具及配件在进入施工现场前未经查验或者查验不合格即投入使用的；

（二）使用未经验收或者验收不合格的施工起重机械和整体提升脚手架、模板等自升式架设设施的；

（三）委托不具有相应资质的单位承担施工现场安装、拆卸施工起重机械和整体提升脚手架、模板等自升式架设设施的；

（四）在施工组织设计中未编制安全技术措施、施工现场临时用电方案或者专项施工方案的。

第六十六条　违反本条例的规定，施工单位的主要负责人、项目负责人未履行安全生产管理职责的，责令限期改正；逾期未改正的，责令施工单位停业整顿；造成重大安全事故、重大伤亡事故或者其他严重后果，构成犯罪的，依照刑法有关规定追究刑事责任。

作业人员不服管理、违反规章制度和操作规程冒险作业造成重大伤亡事故或者其他严重后果，构成犯罪的，依照刑法有关规定追究刑事责任。

施工单位的主要负责人、项目负责人有前款违法行为，尚不够刑事处罚的，处 2 万元以上 20 万元以下的罚款或者按照管理权限给予撤职处分；自刑罚执行完毕或者受处分之日起，5 年内不得担任任何施工单位的主要负责人、项目负责人。

第六十七条　施工单位取得资质证书后，降低安全生产条件的，责令限期改正；经整改仍未达到与其资质等级相适应的安全生产条件的，责令停业整顿，降低其资质等级直至吊销资质证书。

第六十八条　本条例规定的行政处罚，由建设行政主管部门或者其他有关部门依照法定职权决定。

违反消防安全管理规定的行为，由公安消防机构依法处罚。

有关法律、行政法规对建设工程安全生产违法行为的行政处罚决定机关另有规定的，从其规定。

第八章　附则

第六十九条　抢险救灾和农民自建低层住宅的安全生产管理，不适用本条例。

第七十条　军事建设工程的安全生产管理，按照中央军事委员会的有关规定执行。

第七十一条　本条例自 2004 年 2 月 1 日起施行。

建筑施工企业主要负责人、项目负责人和专职安全生产管理人员安全生产管理规定

（住房城乡建设部令第 17 号）

第一章　总则

第一条　为了加强房屋建筑和市政基础设施工程施工安全监督管理，提高建筑施工企业主要负责人、项目负责人和专职安全生产管理人员（以下合称"安管人员"）的安全生产管理能力，根据《中华人民共和国安全生产法》《建设工程安全生产管理条例》等法律法规，制定本规定。

第二条　在中华人民共和国境内从事房屋建筑和市政基础设施工程施工活动的建筑施工企业的"安管人员"，参加安全生产考核，履行安全生产责任，以及对其实施安全生产监督管理，应当符合本规定。

第三条　企业主要负责人，是指对本企业生产经营活动和安全生产工作具有决策权的领导人员。项目负责人，是指取得相应注册执业资格，由企业法定代表人授权，负责具体工程项目管理的人员。专职安全生产管理人员，是指在企业专职从事安全生产管理工作的人员，包括企业安全生产管理机构的人员和工程项目专职从事安全生产管理工作的人员。

第四条　国务院住房城乡建设主管部门负责对全国"安管人员"安全生产工作进行监督管理。县级以上地方人民政府住房城乡建设主管部门负责对本行政区域内"安管人员"安全生产工作进行监督管理。

第二章　考核发证

第五条　"安管人员"应当通过其受聘企业，向企业工商注册地的省、自治区、直辖市人民政府住房城乡建设主管部门（以下简称考核机关）申请安全生产考核，并取得安全生产考核合格证书。安全生产考核不得收费。

第六条　申请参加安全生产考核的"安管人员"，应当具备相应文化程度、专业技术职称和一定安全生产工作经历，与企业确立劳动关系，并经企业年度安全生产教育培训合格。

第七条　安全生产考核包括安全生产知识考核和管理能力考核。安全生产知识考核内容包括：建筑施工安全的法律法规、规章制度、标准规范，建筑施工安全管理基本理论等。安全生产管理能力考核内容包括：建立和落实安全生产管理制度、辨识和监控危

险性较大的分部分项工程、发现和消除安全事故隐患、报告和处置生产安全事故等方面的能力。

第八条　对安全生产考核合格的，考核机关应当在 20 个工作日内核发安全生产考核合格证书，并予以公告；对不合格的，应当通过"安管人员"所在企业通知本人并说明理由。

第九条　安全生产考核合格证书有效期为 3 年，证书在全国范围内有效。证书式样由国务院住房城乡建设主管部门统一规定。

第十条　安全生产考核合格证书有效期届满需要延续的，"安管人员"应当在有效期届满前 3 个月内，由本人通过受聘企业向原考核机关申请证书延续。准予证书延续的，证书有效期延续 3 年。对证书有效期内未因生产安全事故或者违反本规定受到行政处罚，信用档案中无不良行为记录，且已按规定参加企业和县级以上人民政府住房城乡建设主管部门组织的安全生产教育培训的，考核机关应当在受理延续申请之日起 20 个工作日内，准予证书延续。

第十一条　"安管人员"变更受聘企业的，应当与原聘用企业解除劳动关系，并通过新聘用企业到考核机关申请办理证书变更手续。考核机关应当在受理变更申请之日起 5 个工作日内办理完毕。

第十二条　"安管人员"遗失安全生产考核合格证书的，应当在公共媒体上声明作废，通过其受聘企业向原考核机关申请补办。考核机关应当在受理申请之日起 5 个工作日内办理完毕。

第十三条　"安管人员"不得涂改、倒卖、出租、出借或者以其他形式非法转让安全生产考核合格证书。

第三章　安全责任

第十四条　主要负责人对本企业安全生产工作全面负责，应当建立健全企业安全生产管理体系，设置安全生产管理机构，配备专职安全生产管理人员，保证安全生产投入，督促检查本企业安全生产工作，及时消除安全事故隐患，落实安全生产责任。

第十五条　主要负责人应当与项目负责人签订安全生产责任书，确定项目安全生产考核目标、奖惩措施，以及企业为项目提供的安全管理和技术保障措施。工程项目实行总承包的，总承包企业应当与分包企业签订安全生产协议，明确双方安全生产责任。

第十六条　主要负责人应当按规定检查企业所承担的工程项目，考核项目负责人安全生产管理能力。发现项目负责人履职不到位的，应当责令其改正；必要时，调整项目负责人。检查情况应当记入企业和项目安全管理档案。

第十七条　项目负责人对本项目安全生产管理全面负责，应当建立项目安全生产管理体系，明确项目管理人员安全职责，落实安全生产管理制度，确保项目安全生产费用有效使用。

第十八条　项目负责人应当按规定实施项目安全生产管理，监控危险性较大分部分项工程，及时排查处理施工现场安全事故隐患，隐患排查处理情况应当记入项目安全管理档案；发生事故时，应当按规定及时报告并开展现场救援。工程项目实行总承包的，总承包企业项目负责人应当定期考核分包企业安全生产管理情况。

第十九条 企业安全生产管理机构专职安全生产管理人员应当检查在建项目安全生产管理情况，重点检查项目负责人、项目专职安全生产管理人员履责情况，处理在建项目违规违章行为，并记入企业安全管理档案。

第二十条 项目专职安全生产管理人员应当每天在施工现场开展安全检查，现场监督危险性较大的分部分项工程安全专项施工方案实施。对检查中发现的安全事故隐患，应当立即处理；不能处理的，应当及时报告项目负责人和企业安全生产管理机构。项目负责人应当及时处理。检查及处理情况应当记入项目安全管理档案。

第二十一条 建筑施工企业应当建立安全生产教育培训制度，制定年度培训计划，每年对"安管人员"进行培训和考核，考核不合格的，不得上岗。培训情况应当记入企业安全生产教育培训档案。

第二十二条 建筑施工企业安全生产管理机构和工程项目应当按规定配备相应数量和相关专业的专职安全生产管理人员。危险性较大的分部分项工程施工时，应当安排专职安全生产管理人员现场监督。

第四章 监督管理

第二十三条 县级以上人民政府住房城乡建设主管部门应当依照有关法律法规和本规定，对"安管人员"持证上岗、教育培训和履行职责等情况进行监督检查。

第二十四条 县级以上人民政府住房城乡建设主管部门在实施监督检查时，应当有两名以上监督检查人员参加，不得妨碍企业正常的生产经营活动，不得索取或者收受企业的财物，不得谋取其他利益。有关企业和个人对依法进行的监督检查应当协助与配合，不得拒绝或者阻挠。

第二十五条 县级以上人民政府住房城乡建设主管部门依法进行监督检查时，发现"安管人员"有违反本规定行为的，应当依法查处并将违法事实、处理结果或者处理建议告知考核机关。

第二十六条 考核机关应当建立本行政区域内"安管人员"的信用档案。违法违规行为、被投诉举报处理、行政处罚等情况应当作为不良行为记入信用档案，并按规定向社会公开。

"安管人员"及其受聘企业应当按规定向考核机关提供相关信息。

第五章 法律责任

第二十七条 "安管人员"隐瞒有关情况或者提供虚假材料申请安全生产考核的，考核机关不予考核，并给予警告；"安管人员"1年内不得再次申请考核。

"安管人员"以欺骗、贿赂等不正当手段取得安全生产考核合格证书的，由原考核机关撤销安全生产考核合格证书；"安管人员"3年内不得再次申请考核。

第二十八条 "安管人员"涂改、倒卖、出租、出借或者以其他形式非法转让安全生产考核合格证书的，由县级以上地方人民政府住房城乡建设主管部门给予警告，并处1000元以上5000元以下的罚款。

第二十九条　建筑施工企业未按规定开展"安管人员"安全生产教育培训考核，或者未按规定如实将考核情况记入安全生产教育培训档案的，由县级以上地方人民政府住房城乡建设主管部门责令限期改正，并处 2 万元以下的罚款。

第三十条　建筑施工企业有下列行为之一的，由县级以上人民政府住房城乡建设主管部门责令限期改正；逾期未改正的，责令停业整顿，并处 2 万元以下的罚款；导致不具备《安全生产许可证条例》规定的安全生产条件的，应当依法暂扣或者吊销安全生产许可证：（一）未按规定设立安全生产管理机构的；（二）未按规定配备专职安全生产管理人员的；（三）危险性较大的分部分项工程施工时未安排专职安全生产管理人员现场监督的；（四）"安管人员"未取得安全生产考核合格证书的。

第三十一条　"安管人员"未按规定办理证书变更的，由县级以上地方人民政府住房城乡建设主管部门责令限期改正，并处 1000 元以上 5000 元以下的罚款。

第三十二条　主要负责人、项目负责人未按规定履行安全生产管理职责的，由县级以上人民政府住房城乡建设主管部门责令限期改正；逾期未改正的，责令建筑施工企业停业整顿；造成生产安全事故或者其他严重后果的，按照《生产安全事故报告和调查处理条例》的有关规定，依法暂扣或者吊销安全生产考核合格证书；构成犯罪的，依法追究刑事责任。主要负责人、项目负责人有前款违法行为，尚不够刑事处罚的，处 2 万元以上 20 万元以下的罚款或者按照管理权限给予撤职处分；自刑罚执行完毕或者受处分之日起，5 年内不得担任建筑施工企业的主要负责人、项目负责人。

第三十三条　专职安全生产管理人员未按规定履行安全生产管理职责的，由县级以上地方人民政府住房城乡建设主管部门责令限期改正，并处 1000 元以上 5000 元以下的罚款；造成生产安全事故或者其他严重后果的，按照《生产安全事故报告和调查处理条例》的有关规定，依法暂扣或者吊销安全生产考核合格证书；构成犯罪的，依法追究刑事责任。

第三十四条　县级以上人民政府住房城乡建设主管部门及其工作人员，有下列情形之一的，由其上级行政机关或者监察机关责令改正，对直接负责的主管人员和其他直接责任人员依法给予处分；构成犯罪的，依法追究刑事责任：（一）向不具备法定条件的"安管人员"核发安全生产考核合格证书的；（二）对符合法定条件的"安管人员"不予核发或者不在法定期限内核发安全生产考核合格证书的；（三）对符合法定条件的申请不予受理或者未在法定期限内办理完毕的；（四）利用职务上的便利，索取或者收受他人财物或者谋取其他利益的；（五）不依法履行监督管理职责，造成严重后果的。

第六章　附则

第三十五条　本规定自 2014 年 9 月 1 日起施行。

建筑施工企业主要负责人、项目负责人和专职安全生产管理人员安全生产管理规定实施意见

为贯彻落实《建筑施工企业主要负责人、项目负责人和专职安全生产管理人员安全生产管理规定》（住房城乡建设部令第 17 号），制定本实施意见。

一、企业主要负责人的范围

企业主要负责人包括法定代表人、总经理（总裁）、分管安全生产的副总经理（副总裁）、分管生产经营的副总经理（副总裁）、技术负责人、安全总监等。

二、专职安全生产管理人员的分类

专职安全生产管理人员分为机械、土建、综合三类。机械类专职安全生产管理人员可以从事起重机械、土石方机械、桩工机械等安全生产管理工作。土建类专职安全生产管理人员可以从事除起重机械、土石方机械、桩工机械等安全生产管理工作以外的安全生产管理工作。综合类专职安全生产管理人员可以从事全部安全生产管理工作。

新申请专职安全生产管理人员安全生产考核只可以在机械、土建、综合三类中选择一类。机械类专职安全生产管理人员在参加土建类安全生产管理专业考试合格后，可以申请取得综合类专职安全生产管理人员安全生产考核合格证书。土建类专职安全生产管理人员在参加机械类安全生产管理专业考试合格后，可以申请取得综合类专职安全生产管理人员安全生产考核合格证书。

三、申请安全生产考核应具备的条件

（一）申请建筑施工企业主要负责人安全生产考核，应当具备下列条件：

1. 具有相应的文化程度、专业技术职称（法定代表人除外）；
2. 与所在企业确立劳动关系；
3. 经所在企业年度安全生产教育培训合格。

（二）申请建筑施工企业项目负责人安全生产考核，应当具备下列条件：

1. 取得相应注册执业资格；
2. 与所在企业确立劳动关系；
3. 经所在企业年度安全生产教育培训合格。

（三）申请专职安全生产管理人员安全生产考核，应当具备下列条件：

1. 年龄已满 18 周岁未满 60 周岁，身体健康；

2. 具有中专（含高中、中技、职高）及以上文化程度或初级及以上技术职称；

3. 与所在企业确立劳动关系，从事施工管理工作两年以上；

4. 经所在企业年度安全生产教育培训合格。

四、安全生产考核的内容与方式

安全生产考核包括安全生产知识考核和安全生产管理能力考核。安全生产考核要点见附件 1（本书略）。

安全生产知识考核可采用书面或计算机答卷的方式；安全生产管理能力考核可采用现场实操考核或通过视频、图片等模拟现场考核方式。

机械类专职安全生产管理人员及综合类专职安全生产管理人员安全生产管理能力考核内容必须包括攀爬塔吊及起重机械隐患识别等。

五、安全生产考核合格证书的样式

建筑施工企业主要负责人、项目负责人和专职安全生产管理人员的安全生产考核合格证书由我部统一规定样式（见附件 2，本书略）。主要负责人证书封皮为红色，项目负责人证书封皮为绿色，专职安全生产管理人员证书封皮为蓝色。

六、安全生产考核合格证书的编号

建筑施工企业主要负责人、项目负责人安全生产考核合格证书编号应遵照《关于建筑施工企业主要负责人、项目负责人和专职安全生产管理人员安全生产考核合格证书有关问题的通知》（建办质〔2004〕23 号）有关规定。

专职安全生产管理人员安全生产考核合格证书按照下列规定编号：

（一）机械类专职安全生产管理人员，代码为 C1，编号组成：省、自治区、直辖市简称＋建安＋C1＋（证书颁发年份全称）＋证书颁发当年流水次序号（7 位），如京建安 C1（2015）0000001；

（二）土建类专职安全生产管理人员，代码为 C2，编号组成：省、自治区、直辖市简称＋建安＋C2＋（证书颁发年份全称）＋证书颁发当年流水次序号（7 位），如京建安 C2（2015）0000001；

（三）综合类专职安全生产管理人员，代码为 C3，编号组成：省、自治区、直辖市简称＋建安＋C3＋（证书颁发年份全称）＋证书颁发当年流水次序号（7 位），如京建安 C3（2015）0000001。

七、安全生产考核合格证书的延续

建筑施工企业主要负责人、项目负责人和专职安全生产管理人员应当在安全生产考核合格证书有效期届满前 3 个月内，经所在企业向原考核机关申请证书延续。

符合下列条件的准予证书延续：

（一）在证书有效期内未因生产安全事故或者安全生产违法违规行为受到行政处罚；

（二）信用档案中无安全生产不良行为记录；

（三）企业年度安全生产教育培训合格，且在证书有效期内参加县级以上住房城乡建设主管部门组织的安全生产教育培训时间满24学时。

不符合证书延续条件的应当申请重新考核。不办理证书延续的，证书自动失效。

八、安全生产考核合格证书的换发

在本意见实施前已经取得专职安全生产管理人员安全生产考核合格证书且证书在有效期内的人员，经所在企业向原考核机关提出换发证书申请，可以选择换发土建类专职安全生产管理人员安全生产考核合格证书或者机械类专职安全生产管理人员安全生产考核合格证书。

九、安全生产考核合格证书的跨省变更

建筑施工企业主要负责人、项目负责人和专职安全生产管理人员跨省更换受聘企业的，应到原考核发证机关办理证书转出手续。原考核发证机关应为其办理包含原证书有效期限等信息的证书转出证明。

建筑施工企业主要负责人、项目负责人和专职安全生产管理人员持相关证明通过新受聘企业到该企业工商注册所在地的考核发证机关办理新证书。新证书应延续原证书的有效期。

十、专职安全生产管理人员的配备

建筑施工企业应当按照《建筑施工企业安全生产管理机构设置及专职安全生产管理人员配备办法》（建质〔2008〕91号）的有关规定配备专职安全生产管理人员。建筑施工企业安全生产管理机构和建设工程项目中，应当既有可以从事起重机械、土石方机械、桩工机械等安全生产管理工作的专职安全生产管理人员，也有可以从事除起重机械、土石方机械、桩工机械等安全生产管理工作以外的安全生产管理工作的专职安全生产管理人员。

十一、安全生产考核合格证书的暂扣和撤销

建筑施工企业专职安全生产管理人员未按规定履行安全生产管理职责，导致发生一般生产安全事故的，考核机关应当暂扣其安全生产考核合格证书六个月以上一年以下。建筑施工企业主要负责人、项目负责人和专职安全生产管理人员未按规定履行安全生产管理职责，导致发生较大及以上生产安全事故的，考核机关应当撤销其安全生产考核合格证书。

十二、安全生产考核费用

建筑施工企业主要负责人、项目负责人和专职安全生产管理人员安全生产考核不得收取费用，考核工作所需相关费用，由省级人民政府住房城乡建设主管部门商同级财政部门予以保障。

危险性较大的分部分项工程安全管理规定

（中华人民共和国住房和城乡建设部令第 37 号）

第一章　总则

第一条　为加强对房屋建筑和市政基础设施工程中危险性较大的分部分项工程安全管理，有效防范生产安全事故，依据《中华人民共和国建筑法》《中华人民共和国安全生产法》《建设工程安全生产管理条例》等法律法规，制定本规定。

第二条　本规定适用于房屋建筑和市政基础设施工程中危险性较大的分部分项工程安全管理。

第三条　本规定所称危险性较大的分部分项工程（以下简称"危大工程"），是指房屋建筑和市政基础设施工程在施工过程中，容易导致人员群死群伤或者造成重大经济损失的分部分项工程。

危大工程及超过一定规模的危大工程范围由国务院住房城乡建设主管部门制定。

省级住房城乡建设主管部门可以结合本地区实际情况，补充本地区危大工程范围。

第四条　国务院住房城乡建设主管部门负责全国危大工程安全管理的指导监督。

县级以上地方人民政府住房城乡建设主管部门负责本行政区域内危大工程的安全监督管理。

第二章　前期保障

第五条　建设单位应当依法提供真实、准确、完整的工程地质、水文地质和工程周边环境等资料。

第六条　勘察单位应当根据工程实际及工程周边环境资料，在勘察文件中说明地质条件可能造成的工程风险。

设计单位应当在设计文件中注明涉及危大工程的重点部位和环节，提出保障工程周边环境安全和工程施工安全的意见，必要时进行专项设计。

第七条　建设单位应当组织勘察、设计等单位在施工招标文件中列出危大工程清单，要求施工单位在投标时补充完善危大工程清单并明确相应的安全管理措施。

第八条　建设单位应当按照施工合同约定及时支付危大工程施工技术措施费以及相应的安全防护文明施工措施费，保障危大工程施工安全。

第九条　建设单位在申请办理施工许可手续时，应当提交危大工程清单及其安全管理措施等资料。

第三章　专项施工方案

第十条　施工单位应当在危大工程施工前组织工程技术人员编制专项施工方案。

实行施工总承包的，专项施工方案应当由施工总承包单位组织编制。危大工程实行分包的，专项施工方案可以由相关专业分包单位组织编制。

第十一条　专项施工方案应当由施工单位技术负责人审核签字、加盖单位公章，并由总监理工程师审查签字、加盖执业印章后方可实施。

危大工程实行分包并由分包单位编制专项施工方案的，专项施工方案应当由总承包单位技术负责人及分包单位技术负责人共同审核签字并加盖单位公章。

第十二条　对于超过一定规模的危大工程，施工单位应当组织召开专家论证会对专项施工方案进行论证。实行施工总承包的，由施工总承包单位组织召开专家论证会。专家论证前专项施工方案应当通过施工单位审核和总监理工程师审查。

专家应当从地方人民政府住房城乡建设主管部门建立的专家库中选取，符合专业要求且人数不得少于 5 名。与本工程有利害关系的人员不得以专家身份参加专家论证会。

第十三条　专家论证会后，应当形成论证报告，对专项施工方案提出通过、修改后通过或者不通过的一致意见。专家对论证报告负责并签字确认。

专项施工方案经论证需修改后通过的，施工单位应当根据论证报告修改完善后，重新履行本规定第十一条的程序。

专项施工方案经论证不通过的，施工单位修改后应当按照本规定的要求重新组织专家论证。

第四章　现场安全管理

第十四条　施工单位应当在施工现场显著位置公告危大工程名称、施工时间和具体责任人员，并在危险区域设置安全警示标志。

第十五条　专项施工方案实施前，编制人员或者项目技术负责人应当向施工现场管理人员进行方案交底。

施工现场管理人员应当向作业人员进行安全技术交底，并由双方和项目专职安全生产管理人员共同签字确认。

第十六条　施工单位应当严格按照专项施工方案组织施工，不得擅自修改专项施工方案。

因规划调整、设计变更等原因确需调整的，修改后的专项施工方案应当按照本规定重新审核和论证。涉及资金或者工期调整的，建设单位应当按照约定予以调整。

第十七条　施工单位应当对危大工程施工作业人员进行登记，项目负责人应当在施工现场履职。

项目专职安全生产管理人员应当对专项施工方案实施情况进行现场监督，对未按照专项施工方案施工的，应当要求立即整改，并及时报告项目负责人，项目负责人应当及时组织限期整改。

施工单位应当按照规定对危大工程进行施工监测和安全巡视，发现危及人身安全的紧急情况，应当立即组织作业人员撤离危险区域。

第十八条　监理单位应当结合危大工程专项施工方案编制监理实施细则，并对危大工程施工实施专项巡视检查。

第十九条　监理单位发现施工单位未按照专项施工方案施工的，应当要求其进行整改；情节严重的，应当要求其暂停施工，并及时报告建设单位。施工单位拒不整改或者不停止施工的，监理单位应当及时报告建设单位和工程所在地住房城乡建设主管部门。

第二十条　对于按照规定需要进行第三方监测的危大工程，建设单位应当委托具有相应勘察资质的单位进行监测。

监测单位应当编制监测方案。监测方案由监测单位技术负责人审核签字并加盖单位公章，报送监理单位后方可实施。

监测单位应当按照监测方案开展监测，及时向建设单位报送监测成果，并对监测成果负责；发现异常时，及时向建设、设计、施工、监理单位报告，建设单位应当立即组织相关单位采取处置措施。

第二十一条　对于按照规定需要验收的危大工程，施工单位、监理单位应当组织相关人员进行验收。验收合格的，经施工单位项目技术负责人及总监理工程师签字确认后，方可进入下一道工序。

危大工程验收合格后，施工单位应当在施工现场明显位置设置验收标识牌，公示验收时间及责任人员。

第二十二条　危大工程发生险情或者事故时，施工单位应当立即采取应急处置措施，并报告工程所在地住房城乡建设主管部门。建设、勘察、设计、监理等单位应当配合施工单位开展应急抢险工作。

第二十三条　危大工程应急抢险结束后，建设单位应当组织勘察、设计、施工、监理等单位制定工程恢复方案，并对应急抢险工作进行后评估。

第二十四条　施工、监理单位应当建立危大工程安全管理档案。

施工单位应当将专项施工方案及审核、专家论证、交底、现场检查、验收及整改等相关资料纳入档案管理。

监理单位应当将监理实施细则、专项施工方案审查、专项巡视检查、验收及整改等相关资料纳入档案管理。

第五章　监督管理

第二十五条　设区的市级以上地方人民政府住房城乡建设主管部门应当建立专家库，制定专家库管理制度，建立专家诚信档案，并向社会公布，接受社会监督。

第二十六条　县级以上地方人民政府住房城乡建设主管部门或者所属施工安全监督机构，应当根据监督工作计划对危大工程进行抽查。

县级以上地方人民政府住房城乡建设主管部门或者所属施工安全监督机构，可以通过政府购买技术服务方式，聘请具有专业技术能力的单位和人员对危大工程进行检查，所需费用向本级财政申请予以保障。

第二十七条　县级以上地方人民政府住房城乡建设主管部门或者所属施工安全监督

机构，在监督抽查中发现危大工程存在安全隐患的，应当责令施工单位整改；重大安全事故隐患排除前或者排除过程中无法保证安全的，责令从危险区域内撤出作业人员或者暂时停止施工；对依法应当给予行政处罚的行为，应当依法作出行政处罚决定。

第二十八条　县级以上地方人民政府住房城乡建设主管部门应当将单位和个人的处罚信息纳入建筑施工安全生产不良信用记录。

第六章　法律责任

第二十九条　建设单位有下列行为之一的，责令限期改正，并处 1 万元以上 3 万元以下的罚款；对直接负责的主管人员和其他直接责任人员处 1000 元以上 5000 元以下的罚款：

（一）未按照本规定提供工程周边环境等资料的；

（二）未按照本规定在招标文件中列出危大工程清单的；

（三）未按照施工合同约定及时支付危大工程施工技术措施费或者相应的安全防护文明施工措施费的；

（四）未按照本规定委托具有相应勘察资质的单位进行第三方监测的；

（五）未对第三方监测单位报告的异常情况组织采取处置措施的。

第三十条　勘察单位未在勘察文件中说明地质条件可能造成的工程风险的，责令限期改正，依照《建设工程安全生产管理条例》对单位进行处罚；对直接负责的主管人员和其他直接责任人员处 1000 元以上 5000 元以下的罚款。

第三十一条　设计单位未在设计文件中注明涉及危大工程的重点部位和环节，未提出保障工程周边环境安全和工程施工安全意见的，责令限期改正，并处 1 万元以上 3 万元以下的罚款；对直接负责的主管人员和其他直接责任人员处 1000 元以上 5000 元以下的罚款。

第三十二条　施工单位未按照本规定编制并审核危大工程专项施工方案的，依照《建设工程安全生产管理条例》对单位进行处罚，并暂扣安全生产许可证 30 日；对直接负责的主管人员和其他直接责任人员处 1000 元以上 5000 元以下的罚款。

第三十三条　施工单位有下列行为之一的，依照《中华人民共和国安全生产法》《建设工程安全生产管理条例》对单位和相关责任人员进行处罚：

（一）未向施工现场管理人员和作业人员进行方案交底和安全技术交底的；

（二）未在施工现场显著位置公告危大工程，并在危险区域设置安全警示标志的；

（三）项目专职安全生产管理人员未对专项施工方案实施情况进行现场监督的。

第三十四条　施工单位有下列行为之一的，责令限期改正，处 1 万元以上 3 万元以下的罚款，并暂扣安全生产许可证 30 日；对直接负责的主管人员和其他直接责任人员处 1000 元以上 5000 元以下的罚款：

（一）未对超过一定规模的危大工程专项施工方案进行专家论证的；

（二）未根据专家论证报告对超过一定规模的危大工程专项施工方案进行修改，或者未按照本规定重新组织专家论证的；

（三）未严格按照专项施工方案组织施工，或者擅自修改专项施工方案的。

第三十五条　施工单位有下列行为之一的，责令限期改正，并处 1 万元以上 3 万元以下的罚款；对直接负责的主管人员和其他直接责任人员处 1000 元以上 5000 元以下的罚款：

（一）项目负责人未按照本规定现场履职或者组织限期整改的；

（二）施工单位未按照本规定进行施工监测和安全巡视的；

（三）未按照本规定组织危大工程验收的；

（四）发生险情或者事故时，未采取应急处置措施的；

（五）未按照本规定建立危大工程安全管理档案的。

第三十六条　监理单位有下列行为之一的，依照《中华人民共和国安全生产法》《建设工程安全生产管理条例》对单位进行处罚；对直接负责的主管人员和其他直接责任人员处 1000 元以上 5000 元以下的罚款：

（一）总监理工程师未按照本规定审查危大工程专项施工方案的；

（二）发现施工单位未按照专项施工方案实施，未要求其整改或者停工的；

（三）施工单位拒不整改或者不停止施工时，未向建设单位和工程所在地住房城乡建设主管部门报告的。

第三十七条　监理单位有下列行为之一的，责令限期改正，并处 1 万元以上 3 万元以下的罚款；对直接负责的主管人员和其他直接责任人员处 1000 元以上 5000 元以下的罚款：

（一）未按照本规定编制监理实施细则的；

（二）未对危大工程施工实施专项巡视检查的；

（三）未按照本规定参与组织危大工程验收的；

（四）未按照本规定建立危大工程安全管理档案的。

第三十八条　监测单位有下列行为之一的，责令限期改正，并处 1 万元以上 3 万元以下的罚款；对直接负责的主管人员和其他直接责任人员处 1000 元以上 5000 元以下的罚款：

（一）未取得相应勘察资质从事第三方监测的；

（二）未按照本规定编制监测方案的；

（三）未按照监测方案开展监测的；

（四）发现异常未及时报告的。

第三十九条　县级以上地方人民政府住房城乡建设主管部门或者所属施工安全监督机构的工作人员，未依法履行危大工程安全监督管理职责的，依照有关规定给予处分。

第七章　附则

第四十条　本规定自 2018 年 6 月 1 日起施行。

住房城乡建设部办公厅关于实施
《危险性较大的分部分项工程安全管理规定》
有关问题的通知

建办质〔2018〕31号

各省、自治区住房城乡建设厅，北京市住房城乡建设委、天津市城乡建设委、上海市住房城乡建设管委、重庆市城乡建设委，新疆生产建设兵团住房城乡建设局：

为贯彻实施《危险性较大的分部分项工程安全管理规定》（住房城乡建设部令第37号），进一步加强和规范房屋建筑和市政基础设施工程中危险性较大的分部分项工程（以下简称危大工程）安全管理，现将有关问题通知如下：

一、关于危大工程范围

危大工程范围详见附件1。超过一定规模的危大工程范围详见附件2。

二、关于专项施工方案内容

危大工程专项施工方案的主要内容应当包括：

（一）工程概况：危大工程概况和特点、施工平面布置、施工要求和技术保证条件；

（二）编制依据：相关法律、法规、规范性文件、标准、规范及施工图设计文件、施工组织设计等；

（三）施工计划：包括施工进度计划、材料与设备计划；

（四）施工工艺技术：技术参数、工艺流程、施工方法、操作要求、检查要求等；

（五）施工安全保证措施：组织保障措施、技术措施、监测监控措施等；

（六）施工管理及作业人员配备和分工：施工管理人员、专职安全生产管理人员、特种作业人员、其他作业人员等；

（七）验收要求：验收标准、验收程序、验收内容、验收人员等；

（八）应急处置措施；

（九）计算书及相关施工图纸。

三、关于专家论证会参会人员

超过一定规模的危大工程专项施工方案专家论证会的参会人员应当包括：

（一）专家；

（二）建设单位项目负责人；

（三）有关勘察、设计单位项目技术负责人及相关人员；

（四）总承包单位和分包单位技术负责人或授权委派的专业技术人员、项目负责人、项目技术负责人、专项施工方案编制人员、项目专职安全生产管理人员及相关人员；

（五）监理单位项目总监理工程师及专业监理工程师。

四、关于专家论证内容

对于超过一定规模的危大工程专项施工方案，专家论证的主要内容应当包括：

（一）专项施工方案内容是否完整、可行；

（二）专项施工方案计算书和验算依据、施工图是否符合有关标准规范；

（三）专项施工方案是否满足现场实际情况，并能够确保施工安全。

五、关于专项施工方案修改

超过一定规模的危大工程专项施工方案经专家论证后结论为"通过"的，施工单位可参考专家意见自行修改完善；结论为"修改后通过"的，专家意见要明确具体修改内容，施工单位应当按照专家意见进行修改，并履行有关审核和审查手续后方可实施，修改情况应及时告知专家。

六、关于监测方案内容

进行第三方监测的危大工程监测方案的主要内容应当包括工程概况、监测依据、监测内容、监测方法、人员及设备、测点布置与保护、监测频次、预警标准及监测成果报送等。

七、关于验收人员

危大工程验收人员应当包括：

（一）总承包单位和分包单位技术负责人或授权委派的专业技术人员、项目负责人、项目技术负责人、专项施工方案编制人员、项目专职安全生产管理人员及相关人员；

（二）监理单位项目总监理工程师及专业监理工程师；

（三）有关勘察、设计和监测单位项目技术负责人。

八、关于专家条件

设区的市级以上地方人民政府住房城乡建设主管部门建立的专家库专家应当具备以下基本条件：

（一）诚实守信、作风正派、学术严谨；

（二）从事相关专业工作15年以上或具有丰富的专业经验；

（三）具有高级专业技术职称。

九、关于专家库管理

设区的市级以上地方人民政府住房城乡建设主管部门应当加强对专家库专家的管理，定期向社会公布专家业绩，对于专家不认真履行论证职责、工作失职等行为，记入不良信用记录，情节严重的，取消专家资格。

《关于印发〈危险性较大的分部分项工程安全管理办法〉的通知》（建质〔2009〕87号）自2018年6月1日起废止。

附件：1. 危险性较大的分部分项工程范围
　　　　2. 超过一定规模的危险性较大的分部分项工程范围

中华人民共和国住房和城乡建设部办公厅
2018年5月17日

附件 1

危险性较大的分部分项工程范围

一、基坑工程

（一）开挖深度超过3m（含3m）的基坑（槽）的土方开挖、支护、降水工程。

（二）开挖深度虽未超过3m，但地质条件、周围环境和地下管线复杂，或影响毗邻建、构筑物安全的基坑（槽）的土方开挖、支护、降水工程。

二、模板工程及支撑体系

（一）各类工具式模板工程：包括滑模、爬模、飞模、隧道模等工程。

（二）混凝土模板支撑工程：搭设高度5m及以上，或搭设跨度10m及以上，或施工总荷载（荷载效应基本组合的设计值，以下简称设计值）10kN/m^{2}及以上，或集中线荷载（设计值）15kN/m及以上，或高度大于支撑水平投影宽度且相对独立无联系构件的混凝土模板支撑工程。

（三）承重支撑体系：用于钢结构安装等满堂支撑体系。

三、起重吊装及起重机械安装拆卸工程

（一）采用非常规起重设备、方法，且单件起吊重量在10kN及以上的起重吊装工程。

（二）采用起重机械进行安装的工程。

（三）起重机械安装和拆卸工程。

四、脚手架工程

（一）搭设高度 24m 及以上的落地式钢管脚手架工程（包括采光井、电梯井脚手架）。

（二）附着式升降脚手架工程。

（三）悬挑式脚手架工程。

（四）高处作业吊篮。

（五）卸料平台、操作平台工程。

（六）异型脚手架工程。

五、拆除工程

可能影响行人、交通、电力设施、通讯设施或其他建、构筑物安全的拆除工程。

六、暗挖工程

采用矿山法、盾构法、顶管法施工的隧道、洞室工程。

七、其他

（一）建筑幕墙安装工程。

（二）钢结构、网架和索膜结构安装工程。

（三）人工挖孔桩工程。

（四）水下作业工程。

（五）装配式建筑混凝土预制构件安装工程。

（六）采用新技术、新工艺、新材料、新设备可能影响工程施工安全，尚无国家、行业及地方技术标准的分部分项工程。

附件 2

超过一定规模的危险性较大的分部分项工程范围

一、深基坑工程

开挖深度超过 5m（含 5m）的基坑（槽）的土方开挖、支护、降水工程。

二、模板工程及支撑体系

（一）各类工具式模板工程：包括滑模、爬模、飞模、隧道模等工程。

（二）混凝土模板支撑工程：搭设高度 8m 及以上，或搭设跨度 18m 及以上，或施工总荷载（设计值）15kN/m^2 及以上，或集中线荷载（设计值）20kN/m 及以上。

（三）承重支撑体系：用于钢结构安装等满堂支撑体系，承受单点集中荷载 7kN 及以上。

三、起重吊装及起重机械安装拆卸工程

（一）采用非常规起重设备、方法，且单件起吊重量在 100kN 及以上的起重吊装工程。

（二）起重量 300kN 及以上，或搭设总高度 200m 及以上，或搭设基础标高在 200m 及以上的起重机械安装和拆卸工程。

四、脚手架工程

（一）搭设高度 50m 及以上的落地式钢管脚手架工程。

（二）提升高度在 150m 及以上的附着式升降脚手架工程或附着式升降操作平台工程。

（三）分段架体搭设高度 20m 及以上的悬挑式脚手架工程。

五、拆除工程

（一）码头、桥梁、高架、烟囱、水塔或拆除中容易引起有毒有害气（液）体或粉尘扩散、易燃易爆事故发生的特殊建、构筑物的拆除工程。

（二）文物保护建筑、优秀历史建筑或历史文化风貌区影响范围内的拆除工程。

六、暗挖工程

采用矿山法、盾构法、顶管法施工的隧道、洞室工程。

七、其他

（一）施工高度 50m 及以上的建筑幕墙安装工程。

（二）跨度 36m 及以上的钢结构安装工程，或跨度 60m 及以上的网架和索膜结构安装工程。

（三）开挖深度 16m 及以上的人工挖孔桩工程。

（四）水下作业工程。

（五）重量 1000kN 及以上的大型结构整体顶升、平移、转体等施工工艺。

（六）采用新技术、新工艺、新材料、新设备可能影响工程施工安全，尚无国家、行业及地方技术标准的分部分项工程。

住房城乡建设部办公厅关于深入开展
建筑施工安全专项治理行动的通知

建办质〔2019〕18 号

各省、自治区住房和城乡建设厅，直辖市住房和城乡建设（管）委，新疆生产建设兵团住房和城乡建设局：

2019 年是新中国成立 70 周年，全力做好保安全、保稳定工作意义重大。为认真贯彻落实党中央、国务院有关安全生产重大决策部署，防范化解重大安全风险，坚持守土有责、守土尽责，切实维护人民群众生命财产安全，现就深入开展建筑施工安全专项治理行动有关事项通知如下：

一、总体要求

坚持以习近平新时代中国特色社会主义思想为指导，全面贯彻落实党的十九大和十九届二中、三中全会精神，认真贯彻落实习近平总书记关于安全生产的重要论述精神，稳中求进、改革创新、担当作为，持续促进建筑施工企业安全管理能力提升，不断提高安全监管信息化、标准化、规范化水平，进一步降低事故总量，坚决遏制重特大事故发生，推动全国建筑施工安全形势稳定好转，为住房和城乡建设事业高质量发展做出应有贡献，以优异成绩迎接新中国成立 70 周年。

二、主要任务

（一）着力防范重大安全风险。

1. 认真执行《危险性较大的分部分项工程安全管理规定》。制定完善配套制度，督促工程项目各方主体建立健全危险性较大的分部分项工程安全管控体系，编制专项施工方案，组织专家论证方案，严格按照方案施工。加大危险性较大的分部分项工程监督执法力度，对发现问题责令限期整改并依法实施处罚。

2. 突出强化起重机械、高支模、深基坑和城市轨道交通工程等重点领域和重要环节安全管控工作。积极采取有效措施，加强对起重机械安装拆卸、使用运行的监管，加强对高支模钢管扣件使用、专项施工方案编制及实施的监管，加强对深基坑变形监测、周边堆物的监管，加强对城市轨道交通工程关键节点施工条件核实、盾构施工的监管。

3. 推进实施安全风险管控和隐患排查治理双重预防机制。督促工程项目各方主体建立安全风险管控清单和隐患排查治理台账，构建全员参与、各岗位覆盖和全过程衔接的责任体系，明确管理措施，从源头治起、从细处抓起、从短板补起，筑牢防线，守住底线，严防风险演变、隐患升级导致安全事故发生。

（二）加大事故查处问责力度。

1. 严格做好事故查处工作。我部负责督办较大及以上事故查处工作，省级住房和城乡建设主管部门承担较大事故查处主体责任，并督促下级住房和城乡建设主管部门加大对一般事故的查处力度。事故发生后，各地要及时印发通报并上网公开，督促建筑施工企业深刻吸取事故教训，举一反三、排查隐患，坚决防范类似事故发生。

2. 发挥事故警示教育作用。各地要组织对本地区发生事故进行全面分析研究，通过现场勘查、调查取证、检测鉴定、查阅资料、现场试验和专家论证等方式，查明事故发生经过和原因，提出改进工作建议，形成包含图片、影像等资料的事故完整档案。

3. 严肃查处事故责任企业和人员。依法依规第一时间实施暂扣或吊销安全生产许可证、收回安全生产考核合格证书和特种作业人员操作资格证书等处罚，抓紧提出企业资质和人员资格处罚意见。做好跨地区处罚协调联动，及时将处罚建议转送发证机关处理。对事故多发及查处工作薄弱地区实施约谈，及时研究改进工作。

（三）改革完善安全监管制度。

1. 贯彻落实《中共中央国务院关于推进安全生产领域改革发展的意见》，研究出台建筑施工安全改革发展的政策措施。按照"放管服"总体要求，推进企业安全生产许可证管理制度改革，对发生事故企业精准处罚。创新安全监管检查方式，推行"双随机、一公开"制度。

2. 加快建设并发挥全国建筑施工安全监管信息系统作用。推动施工安全实现"互联网＋"监管，用信息化促进监管业务协同、信息共享，实现业务流程优化。加强监管数据综合利用，积极发挥大数据在研判形势、评估政策、监测预警等方面作用。

3. 加强监管机构和人员队伍建设。推动出台依法履行法定职责规定，健全完善激励约束机制，督促广大干部忠于职守、履职尽责、担当作为。提高监管业务规范化水平，定期对监管人员进行教育培训，建立工作考核制度，提高监管人员专业能力和综合素质。

（四）提升安全综合治理能力。

1. 全面实施工程质量安全手册制度。落实企业施工安全主体责任，提高从业人员安全素质，提升施工现场安全管理能力。健全施工安全诚信体系，建立守信激励和失信惩戒机制，对严重失信行为实施部门联合惩戒，增强企业及主要负责人施工安全工作主动性。

2. 严格落实部门安全监管责任。按照"党政同责、一岗双责、齐抓共管、失职追责"原则，开展施工安全监管工作评估，并加强评估结果使用。规范并不断提高施工安全监督执法检查的效能，实行差别化监管，做到对违法者"利剑高悬"，对守法者"无事不扰"。

3. 坚持系统治理原则，组织动员社会力量积极参与施工安全工作，推动共建共治共享。发挥高校、科研院所等研究机构智力支撑和政策咨询的重要作用，促进施工安全工作创新发展。发挥社会公众及媒体监督作用，宣传先进典型，曝光违法行为，形成良好舆论氛围。

三、有关要求

省级住房和城乡建设主管部门要充分认识深入开展建筑施工安全专项治理行动的重要意义，在 2018 年工作基础上，及时总结经验，再部署再动员，细化任务分工，层层压实责任，确保各项工作有力有序推进。要加强对下级住房和城乡建设主管部门的指导协调，督促各项工作落实到位。

中华人民共和国住房和城乡建设部办公厅

2019 年 3 月 13 日

关于印发起重机械、基坑工程等五项危险性较大的分部分项工程施工安全要点的通知

建安办函〔2017〕12 号

各省、自治区住房城乡建设厅，直辖市建委，新疆生产建设兵团建设局：

为加强房屋建筑和市政基础设施工程中起重机械、基坑工程等危险性较大的分部分项工程安全管理，有效遏制建筑施工群死群伤事故的发生，根据有关规章制度和标准规范，我司组织制定了起重机械安装拆卸作业、起重机械使用、基坑工程、脚手架、模板支架等五项危险性较大的分部分项工程施工安全要点（见附件）。现印发给你们，请结合今年"安全生产月"活动部署和工作实际，督促建筑施工企业制作标牌悬挂在施工现场显著位置，并严格贯彻执行。

附件：1. 起重机械安装拆卸作业安全要点
　　　2. 起重机械使用安全要点
　　　3. 基坑工程施工安全要点
　　　4. 脚手架施工安全要点
　　　5. 模板支架施工安全要点

中华人民共和国住房和城乡建设部安全生产管理委员会办公室
2017 年 5 月 31 日

129

附件 1

起重机械安装拆卸作业安全要点

一、起重机械安装拆卸作业必须按照规定编制、审核专项施工方案，超过一定规模的要组织专家论证。

二、起重机械安装拆卸单位必须具有相应的资质和安全生产许可证，严禁无资质、超范围从事起重机械安装拆卸作业。

三、起重机械安装拆卸人员、起重机械司机、信号司索工必须取得建筑施工特种作业人员操作资格证书。

四、起重机械安装拆卸作业前，安装拆卸单位应当按照要求办理安装拆卸告知手续。

五、起重机械安装拆卸作业前，应当向现场管理人员和作业人员进行安全技术交底。

六、起重机械安装拆卸作业要严格按照专项施工方案组织实施，相关管理人员必须在现场监督，发现不按照专项施工方案施工的，应当要求立即整改。

七、起重机械的顶升、附着作业必须由具有相应资质的安装单位严格按照专项施工方案实施。

八、遇大风、大雾、大雨、大雪等恶劣天气，严禁起重机械安装、拆卸和顶升作业。

九、塔式起重机顶升前，应将回转下支座与顶升套架可靠连接，并应进行配平。顶升过程中，应确保平衡，不得进行起升、回转、变幅等操作。顶升结束后，应将标准节与回转下支座可靠连接。

十、起重机械加节后需进行附着的，应按照先装附着装置、后顶升加节的顺序进行。附着装置必须符合标准规范要求。拆卸作业时应先降节，后拆除附着装置。

十一、辅助起重机械的起重性能必须满足吊装要求，安全装置必须齐全有效，吊索具必须安全可靠，场地必须符合作业要求。

十二、起重机械安装完毕及附着作业后，应当按规定进行自检、检验和验收，验收合格后方可投入使用。

附件 2

起重机械使用安全要点

一、起重机械使用单位必须建立机械设备管理制度，并配备专职设备管理人员。

二、起重机械安装验收合格后应当办理使用登记，在机械设备活动范围内设置明显的安全警示标志。

三、起重机械司机、信号司索工必须取得建筑施工特种作业人员操作资格证书。

四、起重机械使用前，应当向作业人员进行安全技术交底。

五、起重机械操作人员必须严格遵守起重机械安全操作规程和标准规范要求，严禁违章指挥、违规作业。

六、遇大风、大雾、大雨、大雪等恶劣天气，不得使用起重机械。

七、起重机械应当按规定进行维修、维护和保养，设备管理人员应当按规定对机械设备进行检查，发现隐患及时整改。

八、起重机械的安全装置、连接螺栓必须齐全有效，结构件不得开焊和开裂，连接件不得严重磨损和塑性变形，零部件不得达到报废标准。

九、两台以上塔式起重机在同一现场交叉作业时，应当制定塔式起重机防碰撞措施。任意两台塔式起重机之间的最小架设距离应符合规范要求。

十、塔式起重机使用时，起重臂和吊物下方严禁有人员停留。物件吊运时，严禁从人员上方通过。

附件 3

基坑工程施工安全要点

　　一、基坑工程必须按照规定编制、审核专项施工方案，超过一定规模的深基坑工程要组织专家论证。基坑支护必须进行专项设计。

　　二、基坑工程施工企业必须具有相应的资质和安全生产许可证，严禁无资质、超范围从事基坑工程施工。

　　三、基坑施工前，应当向现场管理人员和作业人员进行安全技术交底。

　　四、基坑施工要严格按照专项施工方案组织实施，相关管理人员必须在现场进行监督，发现不按照专项施工方案施工的，应当要求立即整改。

　　五、基坑施工必须采取有效措施，保护基坑主要影响区范围内的建（构）筑物和地下管线安全。

　　六、基坑周边施工材料、设施或车辆荷载严禁超过设计要求的地面荷载限值。

　　七、基坑周边应按要求采取临边防护措施，设置作业人员上下专用通道。

　　八、基坑施工必须采取基坑内外地表水和地下水控制措施，防止出现积水和漏水漏沙。汛期施工，应当对施工现场排水系统进行检查和维护，保证排水畅通。

　　九、基坑施工必须做到先支护后开挖，严禁超挖，及时回填。采取支撑的支护结构未达到拆除条件时严禁拆除支撑。

　　十、基坑工程必须按照规定实施施工监测和第三方监测，指定专人对基坑周边进行巡视，出现危险征兆时应当立即报警。

附件 4

脚手架施工安全要点

一、脚手架工程必须按照规定编制、审核专项施工方案，超过一定规模的要组织专家论证。

二、脚手架搭设、拆除单位必须具有相应的资质和安全生产许可证，严禁无资质从事脚手架搭设、拆除作业。

三、脚手架搭设、拆除人员必须取得建筑施工特种作业人员操作资格证书。

四、脚手架搭设、拆除前，应当向现场管理人员和作业人员进行安全技术交底。

五、脚手架材料进场使用前，必须按规定进行验收，未经验收或验收不合格的严禁使用。

六、脚手架搭设、拆除要严格按照专项施工方案组织实施，相关管理人员必须在现场进行监督，发现不按照专项施工方案施工的，应当要求立即整改。

七、脚手架外侧以及悬挑式脚手架、附着升降脚手架底层应当封闭严密。

八、脚手架必须按专项施工方案设置剪刀撑和连墙件。落地式脚手架搭设场地必须平整坚实。严禁在脚手架上超载堆放材料，严禁将模板支架、缆风绳、泵送混凝土和砂浆的输送管等固定在架体上。

九、脚手架搭设必须分阶段组织验收，验收合格的，方可投入使用。

十、脚手架拆除必须由上而下逐层进行，严禁上下同时作业。连墙件应当随脚手架逐层拆除，严禁先将连墙件整层或数层拆除后再拆脚手架。

附件5

模板支架施工安全要点

一、模板支架工程必须按照规定编制、审核专项施工方案，超过一定规模的要组织专家论证。

二、模板支架搭设、拆除单位必须具有相应的资质和安全生产许可证，严禁无资质从事模板支架搭设、拆除作业。

三、模板支架搭设、拆除人员必须取得建筑施工特种作业人员操作资格证书。

四、模板支架搭设、拆除前，应当向现场管理人员和作业人员进行安全技术交底。

五、模板支架材料进场验收前，必须按规定进行验收，未经验收或验收不合格的严禁使用。

六、模板支架搭设、拆除要严格按照专项施工方案组织实施，相关管理人员必须在现场进行监督，发现不按照专项施工方案施工的，应当要求立即整改。

七、模板支架搭设场地必须平整坚实。必须按专项施工方案设置纵横向水平杆、扫地杆和剪刀撑；立杆顶部自由端高度、顶托螺杆伸出长度严禁超出专项施工方案要求。

八、模板支架搭设完毕应当组织验收，验收合格的，方可铺设模板。

九、混凝土浇筑时，必须按照专项施工方案规定的顺序进行，应当指定专人对模板支架进行监测，发现架体存在坍塌风险时应当立即组织作业人员撤离现场。

十、混凝土强度必须达到规范要求，并经监理单位确认后方可拆除模板支架。模板支架拆除应从上而下逐层进行。